또 다른 나를 만나러 갑니다

또 다른 나를 만나러 갑니다

지은이	강영옥
펴낸곳	카이로스
펴낸이	서정현
편집자	서정현
디자인	김영진
주소	서울 서초구 서초중앙로 56 8층 824호
전화	02-558-8060
전자우편	suh310@hanmail.net
초판 1쇄 펴낸 날	2018년 4월 10일 발행
ISBN	979-11-962088-3-7 (03980)

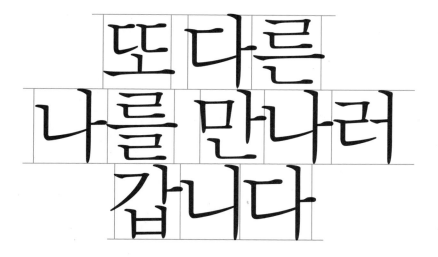

또 다른 나를 만나러 갑니다

강영옥 지음

여행이란 몸으로 하는 독서입니다

무술년의 봄과 함께 유난히 추웠던 겨울을 잘 견디고 인고(忍苦) 속에서 살아남은 풀과 나무들이 밝은 모습으로 인사를 합니다. 누구보다도 먼저 봄이 왔다고 전령사가 되어 온몸으로 알려주는 매화꽃을 시작으로 정숙한 여인을 연상시키는 하얀 목련꽃과 노란 병아리를 연상시키는 개나리꽃, 그리고 흐드러지게 만개한 벚꽃들이 서로 꽃을 피울 차례를 기다립니다. 하룻밤 사이에 새롭게 단장하곤 하는 철이라 봄은 어느 계절보다 희망의 계절로 많은 사람들의 마음을 설레게 하고 사랑을 받습니다.

찬란한 봄날, 잠시 집 주변에 있는 등산로를 가본다든지, 내친김에 평소 가보고 싶었던 국내여행이나 해외로 잠시 여행을 떠나는 것은 모든 사람들의 내면에 자리 잡은 잠재의식과도 같은 것입니다. 살랑살랑 부는 봄바람에 발걸음도, 몸도 더욱 가볍기만 합니다. 우리들의 일상이 날마다 일에 쫓기며 숨차게 살기 마련인데 허겁지겁 살아가다 보면 긴장해서 어느덧 맥박이 빨라집니다. 그러면 몸에서 아드레날린이라는 나쁜 호르몬이 나와 신경이 예민해지고 성격까지 난폭해지게 됩니다.

그러나 여행을 하게 되면 자기도 모르게 긴 호흡으로 바뀌게 됩니다. 날숨이 길어지면 엔돌핀과 쾌락 호르몬인 아이돌핀 같은 행복 호르몬이 분비됩니다. 기분이 상쾌해지고 몸과 마음이 가벼워집니다. 그 호르몬은 에너지로 바뀌면서 알파파라는 뇌파가 형성되어 번뇌와 망상이 사라지고 고요한 평온 속에 마음이 밝아지고 맑아집니다. 이것보다 더 건전하고 좋은 힐링이 또 어디 있겠습니까?

이런 삶을 모든 사람들에게 알려주고 인도해주는 행복메이커 강영옥 대표의 《또 다른 나를 만나러 갑니다》가 출간됨을 진심으로 축하드립니다. 강 대표는 여행객들의 손과 발이 되어 보다 행복하고 만족한 서비스는 물론 본인 스스로 여행지에서 느낀 감성과 추천여행지를 모두 모아 선별해서 이 책에 소개하고 있습니다. 제1부는 '여행은 인생입니다', 제2부 '나는 인생의 모험가이자 여행가', 제3부 '여행사가 말하는 여행', 제4부 '추천하는 국내 여행지', 제5부 '추천하는 세계 여행지'로 세분화하여 감동과 설렘을 가득 담았습니다.

특히 제4부 '추천하는 국내 여행지'는 2018년을 '전라도 방문의 해'로 정하고 적극적인 관광객 유치에 심혈을 기울이고 있는 전라남도의 정책과 궤를 같이하며, 아직 잘 알려져 있지 않은 천혜의 자연환경에 보물처럼 숨겨진 섬 지방의 명소와 비경을 자세하게 소개하고 있습니다. 여행지에는 강 대표가 그림자처럼 동행하며 고객들에게 감동을 주는 토탈 서비스를 제공해주고 있어, 그동안 이용객들의 칭찬이 자자합니다.

여행은 풍광을 보고 새로움을 느끼는 시간이기도 하고 오늘보다 더 발전된 내일을 위해 고민하는 자신에게 아름다운 풍경을 선사하는 시간과 기회이기도 합니다. 섬 지방을 찾아가서 넓은 바다를 마음에 담고 긴 호흡으로 가슴 가득 싱그러운 공기를 담으며 일상의 찌든 삶을 벗어나 여유로운 시간을 담습니다. 이러한 여유로움이 행복을 한 아름 안겨주기 때문입니다. 그래서 여행을 '몸으로 하는 독서'라고도 합니다. 자신을 스스로 돌아볼 수 있는 선물 같은 시간을 가질 때 배터리가 방전된 우리 몸과 마음, 그리고 육체까지도 충전되는 것과 같습니다. 피로한 일상에서 벗어나 자유와 휴식을 즐기는 것도 마음만 먹거나 생각만 해서는 가질 수 없습니다. 거기에는 도전이 필요합니다.

세상을 배울 수 있는, 넓은 또 하나의 커다란 학교가 바로 여행입니다. 설렘과 기억, 그리고 내가 나라는 것을 제대로 확인하고 증명하는 수단이기도 합니다. 한 권의 책 속에 담긴 가슴 뭉클한 감동과 자세하게 정리해놓은 유익한 정보들을 이 책에서 얻을 수 있으므로 책과 함께 엔돌핀과 아이돌핀 같은 행복 호르몬으로 가득 채워 넘치는 에너지를 삶의 현장에서 활용하시기 바랍니다. 다시 한번 강영옥 대표의 고객을 위한 또 다른 품격 높은 서비스차원에서

APOSTILLE

시도된 《또 다른 나를 만나러 갑니다》의 출간을 축하드리며 이 책과 함께 떠나는 여행이 행복 충전의 기회가 되시길 기원합니다. 감사합니다.

김기수((사)대동문화이사회 이사장, ㈜부국전력대표이사)

방황으로 시작한 인생의 가이드, 여행

누군가 '바보는 방황을 하고 현명한 사람은 여행을 한다.'라고 했다. 하지만 나의 여행은 아이러니하게도 방황에서 시작되었다. 기억에 남는 첫 번째 여행이 가출하여 기차를 타고 무작정 상경을 감행했던 중학생 때였으니 여행이라기보다는 분명 방황이었을 게다. 그 이후로 삶의 여정은 순탄치 않았고 혼란스러울 때가 많았다. 돌아보면 인생에서도 여행처럼 좋은 가이드가 있었다면 얼마나 좋았을까 하는 생각이 든다. 나는 운이 좋게도 뒤늦게 그런 현명하고도 지혜로운 사람을 알게 되었다.

여행뿐 아니라 삶의 갈림길에서 길을 물어도 좋은 안내자가 되어줄 것 같은 강영옥 대표의 글을 읽으며 다시 한번 여행이 우리에게 주는 많은 교훈을 생각하게 된다. 같은 시대를 살며 그녀가 꿈꾸는 아름다운 삶의 여정에 동행할 수 있어서 매우 행복하다.

김순곤(작사 작곡가, 음반기획자, G프로젝트 대표)

좋은 계절, 사랑하는 사람들과 소중한 시간을

강영옥 대표는 나의 오랜 지인이다. 저자와 내가 지역 곳곳에서 다양한 활동을 하다 보니 자연스럽게 만남의 기회도 많아지고 지켜볼 기회도 잦아졌다. 항상 매사에 열정적이고 열심인 모습에 나도 도전받는다. 저자는 우리 지역과 사회를 위해 함께 봉사하며 땀 흘리는 귀한 인생 여행의 동행자 중 한 사람이다. 그를 생각하면 잠잠히 미소가 돈다.

새롭게 책을 출간한다는 소식을 들었다. 집무실에서 이제 막 따끈한 원고를 읽어보는 나는 어느새 다낭에, 보라카이에, 스페인과 팔레스타인에 도착해 저자와 함께 걷고 있다는 착각에 빠졌다. 나 또한 최근에 우즈베키스탄 정부로부터 고용노동부 정책고문으로 임명받아 1년도 안 되는 짧은 기간에 4번을 다녀왔다. 여행을 하면서 전 대우그룹 김우중 회장의 '세상은 넓고 할 일은 많다.'는 말씀을 떠올렸다. 이러한 계기로 미지의 세계를 알게 되면서 힐링과 함께 사업적으로 성공할 수 있는 계기가 되었으면 하는 소박한 소망을 가져본다.

저자의 경험과 노하우가 묻어나는 여행 이야기는 여행에 관한 관심과 경험의 여부와 상관없이 읽는 누구에게나 흥미로움을 선사한다. 독자가 당장 배낭을 싸게 만드는 마력이 있다. 더구나 여행과 관련된 다양한 정보는 어떠한 형태로, 어디로 가는 여행이든 자신감으로 가득 차게 만들고 엉덩이를 들썩이게 할 것이다. 책을 덮으며 생각했다. 좋은 계절, 사랑하는 사람들과 소중한 나의 시간을 좋은 여행으로 함께 채워가야지. 그리고 그 여행 가방 안에는 이 책이 들어있을 것이다.

태송 김윤세(한국능력개발원 이사장, 국제로타리 3710지구 2015-16년도 총재)

인생이라는 우리 삶의 여정에서…

저자와의 인연은 각별하다. 대학에서 맺은 인연이 지금까지 계속되고 있으니, 어쩌면 저자와 나의 만남이 긴 여행길인지도 모르겠다. 늘 긍정적이며 에너지 넘쳤던 옛 모습을 추억하며, 여행에 대한 나름의 생각이 재미있을 뿐만 아니라 설득력 있게 말하는 저자를 보면서 여행이 인생일 수 있겠다는 말에 전적으로 동의한다. 왜냐하면 저자가 소개하고 있는 흥미로운 사례들은 인생이라는 삶의 여정에서 일상적으로 경험하는 우리의 일들이기 때문이다.

나아가 저자 스스로 인생의 모험가이자 여행가라고 말하는 대목에서는 유쾌하고 발랄했던 과거 모습이 오버랩되며 한층 성숙해진 저자의 당당한 모습에 찬사를 보내게 된다. 스스로 행복한가를 묻는 질문은 삶이 모험이면서 여행이란 걸 다시금 깨닫게 만든다. 오랜 여행업 종사의 경험을 토대로 어떤 여행사를 선택해서 어떻게 여행해야 할까를 진솔하게 독자들과 공유하려는 의도는, 솔직한 저자의 성품에 비추어 세월이 가도 변하지 않는 소중한 것이 무엇인가를 느끼게 한다. 저자는 언제나 같이하는 사람들과 함께 하는 것을 무척 좋아했다.

국내 여행지와 세계 여행지를 추천하는 내용은 알뜰하게 국내외 여행 정보를 챙겨주는 미덕을 보여준다. 이 또한 아무런 계산 없이, 아낌없이 남을 챙겨주길 좋아하는 저자의 품성을 그대로 드러낸다고 하겠다. '강영옥의 즐거운 딴짓?'이란 부제는 오랜 인연으로 만나온 저자의 장난스러운 모습을 연상시켜 무척 정겹다. '또 다른 나를 만나러 갑니다'라는 제목 역시 어느새 나보다 훨씬 성장한 저자의 훌륭한 모습을 본 것 같아 대견스럽다. 단도직입적으로 여행이 그렇게 만든 것 같다. 저자가 프롤로그에 쓴 '내가 만난 나를, 당신도 만나길 바라는 마음에서'라는 말은 내게 값진 충고로 들렸다. 그래, 나도 또 다른 나를 만나러 여행을 떠나야겠다!

박주하(전 광주대 교수)

건전한 여행문화 정착에 도움이 되는 지침서가 되기를…

우리 사회는 홀로서기가 어려운 영세업자들이 프랜차이즈에 가맹하면 오픈 시에 본사 지침에 따라 인테리어를 시작으로 같은 매뉴얼대로 기본 재료를 공급받습니다. 본사의 광고력을 바탕으로 일정 기간 무탈하게 영업 가능한 소자본 창업이 매우 쉬운 국가에 속한다고 봅니다. 그러나 처음에는 비교적 쉽게 뛰어들 수 있는 가맹점으로 시작했으나 차츰 본사와의 불평등한 관계나 얽힌 먹이사슬 관계 때문에 쉽사리 폐업하기도 어려운 상황에 처해 난감해 하고 있을 점주들 심정이 본인 아닌 다음에야 이해가 될까요?

안타깝게도 여행업에서까지 2018년부터 이 같은 기류가 형성되고 있습니다. 물론 대기업 프랜차이즈가 무조건 나쁘다는 것은 아닙니다. 그러나 여행업만큼은 프랜차이즈 점포를 통한 똑같은 형태로, 전국적으로 통일된 상품보다는 각 지방의 특색과 소그룹별, 개인 취향에 따라 여행하는 문화가 정착되어가는 추세입니다. 설문결과에 따르면 한국도 예전에는 유명관광지나, 여행상품가 등이 고려 대상이었다면, 최근에는 그보다 비행기 출발·도착 시간대와 비행경로를 중요시한다는 의외의 결과에 놀랐던 적이 있습니다. 여행의 트렌드 또한 무한 반복되는 상품보다 개개인 성향에 맞춰가는 시대가 도래했다는 것입니다.

그 대안 중 하나가 지방시대라고 생각합니다. 지방시대에 걸맞게 다년간 여행업에 종사하고, 전문지식이 특출하신 분들이 많으나 자본력이나 규모의 경제에 밀려 여행업의 대형화를 이루지 못하여 광고에서 밀리지만 전문인으로서 역할이 기대되는 바, 저자이신 강영옥 대표와 같은 분들의 본격적인 활동을 기대해 봅니다. 이 책이 여행종사자분들에게는 용기와 희망을 부여하고, 소비자분들에게는 여행업 시스템을 좀 더 현실적으로 이해하여 건전한 여행문화 정착에 도움이 될 수 있는 지침서가 되기를 기대합니다.

현광진(㈜드림랜드 대표)

먼 곳은 내가 지닌 현실의 무게를 앗아가 버린다. 완전히 내려놓지는 못하지만 여행 기간만큼은 벗어버리게 만들어준다. 여행을 할 때 우리는 마치 눈을 처음 뜬 아이처럼 호기심 어린 눈빛으로 사방을 쳐다본다. 색다른 세계와 조우하고 세계를 바라보는 시선이 바뀌게 되며, 오래전 잠재워버린 꿈들을 만나게 된다. 때에 따라선 자신의 청춘과도 조우하고, 두근거림과 설렘이라는 감정도 되새길 수 있다.

프롤로그

'나는 누구인가'라는 물음이 찾아올 때 여행을 떠나길…

　긴 글을 읽기 전에 앞서 짤막한 이야기를 하나 하고 싶다. 내 전공은 원래 여행이 아니었다. 처음에는 아이들을 가르치는 일을 했고, 그다음에는 세일즈와 조직관리를 했다. 그러다 어느날 문득, 난 '하고 싶은 게 너무 많다.'는 사실이 떠올랐다. 뒤돌아 보면 하루하루가 전쟁터 같은 삶 속에서 참 치열하게 열정적으로 살아왔다. 아내로서, 엄마, 친구로서 그리고 동료나 상사 등 여러 모습으로 그 어느 것 하나도 놓치지 않으려고 발버둥 쳐왔다.

　그런데 언젠가부터 '나는 누구인가'라는 물음이 나를 찾아왔다. 많은 사람에게 비치는 내가 있을 텐데, 이상하게도 그런 내 자신이 점점 낯설어지는 것이다. 그래서 일단 여행을 떠났다. 해외로 떠나서 이곳저곳을 떠돌다 보니, 그제야 깨닫게 됐다. 하나님께서 이런저런 다양한 경험을 하게 하시고 전 세계를 다 보게 하신 데는 분명히 어떤 이유가 있다는 것을 말이다. 그동안 은근히 자부심을 갖게 해주었던 내 삶이 알고 보니 작은 그 무엇일 따름이었다는 것을 타지에서 알게 된 것이다.

한국으로 돌아와 이것저것 정리하기 시작했다. 일단은 자유로워지고 싶었다. 그래도 무언가를 하기는 해야 할 것 같았고, 무엇을 할까 고민하다가 불현듯 다시 여행을 떠나고 싶어졌다. 내가 만난 '나'를 타인도 만나길 바라는 마음에서였다. 그 결심이 바로 지금의 나를 만들었다. 뒤돌아보면 힘든 순간도, 아찔한 순간도 많았다. 여행사를 열고 3년 동안 적자를 면치 못하던 시절도 있었고, 성지순례를 떠나 마주했던 골고다 언덕에서 나도 모르게 고객들과 같이 눈물 흘렸던 적도 있었다.

갖고 싶거나 사고 싶은 물건이 있는데 만지작거리면서 머리로는 카드값 계산을 하고 있는 고객이 있을 때는 꼭 그 상품을 몰래 사다가 마치 우연히 건네주듯 선물을 주기도 했고, 정말 잊지 못할 여행을 하게 해줘서 고맙다는 어느 어르신의 말에 나도 모르게 울컥했던 적도 있었다. 그랬다. 이전과 다르게 사람이 더할 수 없이 귀하게 다가왔다. 고객들이 귀하다 보니 나와 같이 일을 하는 사람들도 정말 소중해졌다. 나는 내 사람을 진심으로 좋아한다. 돈은 직원들이 벌어준다고 생각하기에 내 옆에서 일하는 직원들에게 최고의 대우를 해주는 것이 당연하다고 여긴다. 그건 내가 여행사를 경영하면서 사람을 대하는 중심이고, 품고 있는 마음이다.

욕심이 많아서인지, 나는 내가 하는 일에 있어서 항상 최고여야 하고 들러리가 아니라 주인공이길 원한다. 직원들에게도 그것을 요구한다. 일터에서 고객을 대할 때 본인이 회사를 대표하는 사람임을 잊지 말라고 한다. 어찌 보면 부담스러울 법도 한데, 어느 사이에 직원들도 애사심과 함께 회사에 대한 자부심으로 오래 함께하길 원하고 있다.

실제로 내가 특유의 모험심을 발휘해 앞을 향해 나가며 무한긍정으로 사업을 하는 동안 옆에서 꼼꼼하게 챙기면서 13년을 함께한 직원이 있다. 그는 신입부터 실장, 이사, 대표이사까지 올라와 전체 운영을 맡아 하고 있다. 오늘의 내가 있기까지 직원 한 사람 한 사람이 힘이 되었고 난 직원을 사업의 파트너라고 생각한다. 또한 나는 일터 사역자라고 생각한다.

그렇다. 이렇게 모두가 각자 분야에서 회사의 주인이 되게 하는 것이 나의 꿈이다. 나는 직원들에게, 그리고 내가 만나는, 여행을 떠나는 모든 사람들에게 비전과 희망을 안내하는 길잡이가 되고 싶다. 내가 쌓아온 노하우를 가지고 여행사 지점 설치, 1인 창업, 여행플래너, 세계여행 상담사들이 기본적으로 알아야 할 지식과 필요한 제반 사항들을 실무와 함께 교육시키며 인재양성을 하려고 한다. 그렇기에 난 늘 좋아하는 일을 새롭게 시작하고 또 다른 나를 만나러 가는 것을 멈추지 않고 있다.

여행지에서 느낀 감성과 추천 여행지를 담았다

길잡이는 익숙한 길을 가더라도 늘 다른 마음이어야 한다. 왜냐하면 떠나는 사람들은 늘 다르기 때문이다. 나는 그들과 길어야 10여 일을 같이하지만, 그들의 인생에서 그 여행지 속의 나는 평생 자리한다. 그렇다면 제대로 된 길잡이가 되는 것이 중요하지 않겠는가. 나뿐만 아니라 우리 여행사의 모든 직원이 다 그래야 한다.

그 욕심을 이 한 권의 책에 녹여냈다. 내 생각과 여행지에서 느낀 감성 그리고 추천 여행지까지…. 시중에 수많은 여행 관련 책이 있지만 이 책은 그런 부류의 책이 아니다.

그저 여행을 좋아해서 여행사를 차린 중년여성이 길잡이가 되고 괜찮은 안내자가 되어가는 이야기로 가득하다. 본문에도 썼지만, 어떤 이유에서건 여행을 하지 않는 인생은 불행에 가깝다. 여행은 그 자체만으로 하나의 의미가 아니다. 낭만과 로맨스로 가득 차 있기도 하지만, 고생과 외로움이 충만하기도 하다. 때로는 낯선 공기가 반갑고, 때로는 그 낯섦에 흔들리기도 한다. 나는 짧지 않은 인생을 살아왔다. 물론 살아갈 날도 많다. 그러나 인생이란 단어를 말하면서 여행보다 유쾌한 일을 꼽는다면 몇 되지 않을 것이다.

여행은 요리와도 같다. 다만 주문하는 사람에 따라 맛이 다르다. 내가 주문한 요리는 때로 담백하고, 때로는 달달하며, 가끔 톡 쏘기도 한다. 이제 그 요리의 레시피를 여러분 앞에 조심스레 내놓는다. 입맛에 맞길 바라는 마음이지만, 혹여 입맛에 맞지 않는다면 이 기회에 레시피를 한번 바꿔보는 것은 어떨까.

내가 만난 '나'를,
당신도 만나길 바라는 마음에서

시유 강영옥

16 17

여행은
모든 세대를 통틀어
가장 잘 알려진 예방약이자 치료제이며
동시에 회복제이다.

다니엘 드레이크

Among the therapeutic agents not to be found bottled up and labelled on
our shelves, is Travelling; a means of prevention, of cure, and of restoration,
which has been famous in all ages.

Daniel Drake

차례

CHAPTER 01
여 행 은   인 생 입 니 다

CHAPTER 02
나 는   인 생 의   모 험 가 이 자   여 행 가

CHAPTER 03
여 행 사 가 말 하 는 여 행

Flight	Time	Gate
SK8015	03	
VA5624	03	—
NZ3438	03	—
MH5468	08	—
LX4154	03	—
SK8019	03	—
GA9450	04	—
VA5872	04	—
NZ3456	03	—
	03	—
FY7322	02	—
SO5604	02	
	11	

CHAPTER

01

첫 번째 장 여행은
인생입니다

먼 곳은 내가 지닌 현실의 무게를 앗아가 버린다. 완전히 내려놓지는 못하지만 여행 기간
만큼은 벗어 버리게 만들어준다. 여행을 할 때 우리는 마치 눈을 처음 뜬 아이처럼 호기
심 어린 눈빛으로 사방을 쳐다본다. 색다른 세계와 조우하고 세계를 바라보는 시선이 바
뀌게 되며, 오래전 잠재워버린 꿈들을 만나게 된다. 때에 따라선 자신의 청춘과도 조우하
고, 두근거림과 설렘이라는 감정도 되새길 수 있다.

나는 여행에 푹 빠진
중년입니다

　어떤 이유에서건 여행을 하지 않는 인생은 불행에 가깝다. 자신이 살고 있는 우물에서 벗어나지 못하고 거기의 안락함에 안주하는 것이 행복이라고 규정할 수도 있겠지만, 그것은 개구리의 이야기다. 인간은 설명하기 좀 복잡하다. 내가 대한민국에서 여성으로 살아오면서 느꼈던 많은 경험을 몇 줄로 요약하기 힘든 것처럼 말이다. 그리고 우물이 아늑하다는 생각조차, 우물 밖으로 나가봐야 알 수 있는 것이다.

　긴 여행을 마치고 광주라는 도시로 돌아와 차창 밖으로 도시의 불빛을 물끄러미 바라보다가, 저 멀리서 나의 집이 보일 때의 그 안도감과 밀려오는 아늑한 피로감. 이것은 여행을 떠난 자들만이 느낄 수 있는 귀향의 매력이다. 사실 본능적으로 인간은 떠나고 돌아오는 것을 바란다. 선원들이 바다에 있을 때는 육지를 그리워하지만, 막상 육지에 있으면 바다만 바라보듯 우리의 생은 사실 생각보다 매여있지 않다. 매여있는 것은 어쩌면 몸이 아니라, 마음일지 모른다.

여행은 하나의 의미가 아니다. 낭만과 로맨스가 가득 차 있기도 하지만, 고생과 외로움이 충분하기도 하다. 때로는 낯섦이 반갑고, 때로는 그 낯섦에 흔들리기도 한다. 두려움이 자리하지만 그것을 뚫고 새로운 세상에 대한 설렘으로 가을 코스모스처럼 흔들리기도 한다. 뒤집어 보면, 우리가 떠나 도착하는 곳 대부분은 그곳의 일상이고, 우물이다. 하나의 우물을 떠나 다른 우물을 만나는 것, 그것이 여행인지도 모른다.

나는 종종 여행과 관련해 모차르트를 이야기한다. 피가로의 결혼, 마적 등 숱한 명작을 남긴 모차르트는 익히 알다시피, 30대에 천재의 생을 마감했다. 태어난 지 35년 10개월 9일 만이다. 그런데도 그 짧은 인생에서 그가 여행을 떠난 시간은 10년 2개월 8일. 아버지의 손을 잡고 어릴 때부터 셀 수도 없이 유럽을 떠돌아다닌 이 천재는 그 풍경을 온전히 음악에 녹여나갔다. 그 10년의 여행이 그의 작품의 뿌리가 된 것이다. 그의 생은 알다시피 행복한 생이 아니었다. 떠날 때를 제외하고는 완고한 아버지와 그를 옥죄는 살리에르가 그림자처럼 붙어 있었다. 그래서일까. 그는 "여행을 하지 않는 음악가는 불행하다."고 말했다.

'여행자의 책'을 쓴 미국의 여행작가 폴 서루. 그는 책에 '나는 여행에 대한 갈망을, 사람이 사람이고 싶어 하는 열망이라 정의한다. 여행은 이동하고 싶은 욕망과 호기심을 만족시키고, 더 이상 두려움에 떨지 않고, 현재의 상태를 바꾸고, 새로운 사람이 되어 친구를 사귀고, 낯선 도시를 체험하고, 미지의 세계를 모험하는 일이다.'라고 썼다.

가수 한대수는 10살에 유학을 시작해서 젊은 시절을 뉴욕에서 보냈다. 50년대부터 뉴욕을 경험했던 그는 뉴욕의 길거리를 걷는 것 자체가 예술적인 자극을 준다고 말한다. 문화 자체가 달라 길에서 할아버지들이 버스킹을 하고 있다는 것이다. 그는 혼자만의 시간에 거리를 걷고 미술작품을 감상했다. 자연사 박물관과 모마(MoMA : 뉴욕현대미술관)를 좋아한다고 한다. 모마는 정말 사랑하는 곳인데 중심가에 있고 지하철역에서 1분 거리에 있다.

딸의 교육을 위해 다시 뉴욕을 방문한 그는 자신이 10살

때 왔던 뉴욕에 와 있다는 것 자체가 너무 기쁘고 혼자 걸어도 행복하다. 거리를 걸으면 자신도 모르게 오 헨리의 단편소설들이 생각나기도 하는 뉴욕은 고독한 도시이기도 하다. 뉴욕에 친구들이 있지만 힘들게 사니까 서로 만나기 어렵기 때문이다. 여러 가지 문제가 있지만 그는 뉴욕이 특이하고 고독한 매력이 있다고 느낀다.

그렇다. 세상에 본질적으로 동일한 것은 인간이 만들어 낸 제품쯤일까. 아니다 그것도 분리해보면 엄밀히 비슷할 뿐, 다르다. 자연은 더 위대하다. 닮은 것은 있지만, 같은 것은 없다. 여행도 마찬가지다. 근본적으로 똑같은 여행이란 존재치 않는다. 5년 전에 방문했던 유럽의 한 카페를 다시 가본다 하더라도 그때의 기분은 없다. 심지어 내가 사는 집 인근마저도 누구와 같이 걷느냐에 따라 느낌이 다르다. 겨울의 아스라한 홍콩의 야경은 여름의 후덥지근한 불빛과는 또 다르고, 태국의 파타야는 누구와 손을 잡고 걷느냐에 따라 향이 다르다.

나는 짧지 않은 인생을 살아왔다. 물론 살아갈 날도 많다. 그러나 인생이란 단어를 말하면서 여행보다 유쾌한 일을 꼽는다면 몇 되지 않을 것이다. 여행은 요리와도 같다. 다만 주문자에 따라 맛이 달라진다. 내가 주문한 요리는 때로 담백하고, 때로는 달콤하며, 때로는 톡 쏜다. 그 맛을 아무리 말해도 듣는 이는 추론만 할 뿐 알 수는 없다. 마치 맹인이 코끼리를 만지면서 그 모양새를 떠올리는 것과 다를 바가 없다.

그것은 다른 말로 맥주의 맛에 비할 수 있다. 어떤 맥주가 맛있냐는 질문에 사람들은 자신이 먹어본 만큼 답하게 된다. 그런데 여기에 어디서 마셔본 맥주가 맛있냐고 묻는다면 답은 좀 더 복잡해진다. 부드러운 거품을 내는 덴마크의 칼스버그 맥주가 좋다고 추천한 이들도 있고 때로는 네덜란드에서 나온 하이네켄을 즐기기도 하며, 독일 맥주를 대표하는 벡스 역시 좋아하는 이가 많다.

보헤미아 지방에서 나는 보리와 호프를 원료로 만든 체코의 필스너우루켈은 부드러운 필젠 지방의 물을 사용하여, 뒷맛이 좋다고 추천하기도 한다. 독일 맥주의 고향인 뮌헨에서 유명한 뢰벤호프, 호프라하우스에 앉아 현지인들과 대형 홀에 앉아서 흥겹게 맥주를 즐기는 것도 기쁜 일이다. 중국의 청도에서는 그 유명한 칭다오 맥주를 손에서 놓지 않는다. 하얀 거품에 덮인 밝은 호박색의 이 맥주는 중국이라는 나라를 더욱 풍성하게 해준다. 검고 불투명한 기네스는 묵직한 목 넘김이 좋아 영국을 생각나게 하고 깔끔한 아사히, 기린, 삿포로, 산토리 등의 일본 맥주도 인기가 많다. 또 필리핀의 산 미구엘 맥주, 싱가포르나 말레이시아의 빈 탕 맥주도 유명하다.

　이 모든 맥주를 한국의 한 펍에서 마실 수도 있지만, 그 것은 너무 아쉬운 일이다. 똑같은 칼스버그여도, 대한민국 에서 마신 것과 덴마크에서 마신 것은 천지 차이다. 여행은 그런 것이다. 여행은 똑같은 여행지라도 수시로 그 의미를 바꿔준다. 그렇기에 수없이 많은 여행을 다닌 나의 삶은 날 마다, 매년 그 의미가 다르다. 내 삶은 살아있고, 생생하며, 때로 고독하고, 때로 낭만적이다. 나는 여행에 빠진 멋진 중 년이다.

여행이 주는
매력

'세계는 한 권의 책이다. 여행하지 않는 사람들은 그 책의
한 페이지만 읽는 것과 같다.' _ 아우구스티누스

만약 우리가 태어나서 죽을 때까지 대한민국에서 한 발
짝도 나가지 않는다면, 그 인생을 어떤 인생이라고 정의해야
할까. 대한민국 안에서 아무리 세계 여행 화보를 보고 다큐
멘터리로 독일의 풍경을 본다고 한들 과연 그것이 독일과
내가 만났다고 할 수 있을까? 시베리아 횡단 열차를 타면서
지루함과 설렘을 동시에 느껴보지 않은 사람이 시베리아를
안다고 말할 수 있을까? 또한 바이칼 호수를 네이버에서 검
색한 글로만 보았다면 그 광대한 크기와 바다 같은 호수의

전경을 가늠이나 할 수 있을까?

　여행은 책에 있는 것이 아니고, TV에 있는 것도 아니다. 사진 속에 있는 여행은 멈춰 있는 것이다. 진정한 여행은 내 눈 속에 있으며, 마음에 있고, 거기 먼 곳에 있다. 여행의 매력은 바로 그것이다. 지금 내가 살고 있는 곳과 멀다는 것. 거리상의 차이는 이미 본래의 내가 아니게 만든다. 거기에는 낯선 나, 익숙하지 않은 환경에 서 있는 내가 있다.

　당황하는 나, 즐거워하는 나, 도전을 겁내는 나, 혹은 도전하는 나. 수많은 나 자신을 순간순간 만나고 거기서 새로운 이야기들을 만들어낸다. 멀기에 낯설고, 새로워진다. 내가 새로워지는 것, 그것이 바로 여행의 본질이다. 그렇기에 여행은 많은 사람들에게 여러 의미로 다가온다. 혹자에게는 위로로, 어떤 사람에게는 희망으로, 어떤 사람에게는 탈출로 온다. 어떤 의미이든 큰 상관은 없다. 낯선 거리에 서서 당황하는 나 자신을 만난다는 것은 사실 즐거운 일이다.

　이것이 두렵다면 실력있는 가이드와 같이 있으면 된다. 정말 제대로 된 가이드는 최소한의 간섭만을 할 뿐이다. 보모처럼 움직여주는 가이드는 여행의 매력을 제대로 알려주지 못하는 사람이다. "어차피 사람 사는 것 다 똑같은데 가서 거기 음식이나 먹고 좀 쉬다 오지."라는 말은 다시 말해서 스스로 당황하는 것을 감내하지 못하는 것과 같다. 여행에서의 당황은 새로운 것이다. 우리는 원하든 원치 않든 날마다 익숙한 삶을 산다. 거의 비슷한 것을 먹고 비슷한 이야기를 들으며 비슷한 곳으로만 움직인다. 나이 들수록 시간이 빨리 가는 이유는 바로 여기에 있다. 익숙하고 큰 변화 없는 삶이니 뇌가 크게 기억하려 들지 않기 때문이다.

아주대학교 김경일 교수는 나이 들수록 시간이 빨리 가는 이유가 다양한 경험이 부족해서라고 말한다. 모 케이블 TV에 나와서 한 말인데, 단편적인 경험, 비슷한 경험이 많을 경우 시간이 빨리 지난다고 느끼게 되고 인생의 체감 속도가 빠르게 느껴진다는 것이다. 여행은 이런 익숙함에서 벗어나는 행위이다. 여행은 준비부터가 이미 새롭다. 여행사를 운영하다 보면 초보 여행자와 고수 여행자의 차이를 가방의 물품 하나로 단박에 알아볼 수 있다. 초보들은 대부분의 물품을 가방에 담아오지만 실제로 필요한 것은 가져오지 못한 경우가 많다. 반면, 고수들은 짐은 최대한 가볍게 하되 필요한 것들만 가져온다. 그런데 나는 이것이 잘못됐다고 생각하지 않는다.

낯설고 모르는 곳에 가기 위해 무언가를 준비하고 찾고 구입하는 그 과정 자체가 이미 여행이다. 그리고 그 여행지

가 멀수록 이런 과정은 더욱 정교해지고 복잡해진다. 생각
해보라. 이미 우리의 마음은 여행이란 단어를 만났을 때부
터 낯선 세계로 발을 내디디고 있다. 물론 꼭 먼 곳이 여행
의 본질은 아니다. 가까운 곳도 여행이다. 하지만 여행은 어
쩔 수 없이 먼 곳을 지향하기 마련이다.

먼 곳은 내가 지닌 현실의 무게를 앗아가 버린다. 완전히
내려놓지는 못하지만 여행 기간만큼은 벗어 버리게 만들어
준다. 여행을 할 때 우리는 마치 눈을 처음 뜬 아이처럼 호
기심 어린 눈빛으로 사방을 쳐다본다. 색다른 세계와 조우
하고 세계를 바라보는 시선이 바뀌게 되며, 오래전 잠재워
버린 꿈들을 만나게 된다. 때에 따라선 자신의 청춘과도 조
우하고, 두근거림과 설렘이라는 감정도 되새길 수 있다.

그곳에서 우리는 더 이상 연기하지 않아도 된다. 비로소
나를 던져두고 그저 나, 아무것도 모르는 낯선 이방인인 내
가 된다. 체코에서 커피를 마시며 느긋하게 유럽의 햇살을
맞고 일본 홋카이도에서 라벤더 바다를 헤엄치다가, 베니스
에서 곤돌라를 타면 된다. 그러면서 나 자신을 다시 한번 열
렬히 사랑하게 되고, 내가 쌓아 놓은 어떤 것들을 벗어버리
게 된다. 더욱이 여행은 매번 목적이 같지 않다.

일본으로 갈 때는 온천이 목적이라면, 호주로 갈 때는 캥

거루를 보는 것이 목적이 될 수도 있다. 때론 뉴질랜드에서 캠핑을 하기 위해 비행기를 탈 수도 있다. 여행은 우리에게 '불완전'이라는 선물을 안겨준다. 거기서 나는 아무것도 아니다. 그렇기에 내가 된다. 수많은 세계라는 페이지를 읽고 감상하고 느끼는 나는, 이제까지 내가 한 번도 봐오지 않은 나다. 나를 지칭하는 허구의 단어를 벗고 그저 말 그대로 내가 되는 시간.

바이칼 호수에 날개를 접고 쉬는 철새들을 보며, 그 새들의 이름을 더듬거리며 찾는 나는, 어쩌면 내 속에 움츠려 있던 진짜 나인지도 모른다. 그래서 나는 여행이란 단어를 사랑한다. 여행은 배움이자 발견이고 성장이다. 끊임없이 나를 성장시키고 다독거리며 일상의 한 걸음을 나갈 수 있도록 북돋워 준다.

당신도 이런 기쁨을 누릴 자격이 있다. 엄청난 돈이 필요한 것이 아니다. 낯선 나를 만날 용기만 가진다면 문제는 생각보다 쉽게 해결된다. 그래도 용기가 나지 않는다면, 필자를 찾아오시라. 당신에게 세계라는 아주 크고 멋진 책을 펼쳐서 대한민국이라는 다음 장 뒤에 무엇이 있는지 세심하게 알려주겠다. 여행이 없는 삶이라니…. 당신 자신에게 너무 미안한 일이 아닌가!

당신에게 필요한 건
충전

　대한민국은 스트레스 공화국이라고도 불린다. 우리의 삶, 특히 대한민국에서 사는 사람치고 스트레스에서 자유로운 삶은 없다. 스트레스 해소를 목적으로 하는 '스트레스 산업'이 호황을 누려 마사지숍, 요가원 등을 찾는 발길이 해마다 늘고 있고 피로 해소에 효과가 있는 기능성 음료의 매출도 증가했다. AIA 아시아·태평양 지역 건강생활지수 조사에 의하면 한국인의 스트레스 지수는 6.6점으로 아시아, 태평양 지역 15개국 평균(6.2점)보다 높다.

　장기적인 경기침체와 취업난 등으로 미래에 대한 불안감이 고조되고 실업자 수가 100만 명을 웃돌고, 청년 실업률도 낮아 취업에 대한 강박관념이 불안으로 이어지기 때문이다. 불확실성이 정치, 경제, 사회 등 모든 분야로까지 확대되어 국민이 감당해야 하는 스트레스가 커지고 있기 때문이다. 함인희 이화여대 사회학과 교수가 한 미디어에서 '정치적 혼란 속에서 다른 사람들이 나를 어떻게 생각하는지에 대해 인식하지 않을 수 없고, 이는 결국 개개인에게는 피로감, 스트레스가 된다.'라고 적은 것을 읽은 기억이 있다.

얼마 전 지인이 나에게 불면증을 호소했다. 올해 47살인 그는 고민을 털어 놓을 때쯤 한 달가량 밤잠을 설쳤다고 한다. 졸린 듯해 누워도 좀처럼 잠들 수 없고, 뒤척이다 새벽에 겨우 잠들더라도 아침 6시면 눈이 떠졌다. 잠이 부족해지자 낮에 졸음이 쏟아지고 집중력도 떨어졌다. 결국 그는 병원을 찾았고, 종합검사 결과 스트레스가 원인으로 밝혀졌다. 지인뿐만 아니다. 최근 불면증을 호소하는 사람이 내 주변에 많아지고 있다. 아무래도 인생에서 가장 활발하게 사회생활을 하는 나이다 보니, 지인들 역시 그런 부류들이 상당하다. 활발한 사회활동은 삶을 활기차게 만들지만, 그만큼 스트레스도 엄청나다.

하기야 스트레스가 어디 사회생활에서만 나오겠는가. 남녀노소 가릴 것 없이 일상생활에서 스트레스를 호소하는 경우가 허다하다. 나와 언니 동생 하는 34살의 미혼여성은 평소 인스타그램, 페이스북 등 사회관계망서비스(SNS)에 자주 접속해 지인들의 근황을 살피는 것을 최근 그만뒀다고 한다. 처음에는 지인들과 소소한 일상을 공유할 수 있어 좋았지만, 날이 갈수록 왠지 모를 상대적 박탈감에 시달리기 시작했다는 것이다. 그녀는 "SNS 속의 친구들은 멋진 옷을 사서 입거나, 값비싼 음식을 먹는 등 화려하고 행복한 날들을 보내는데, 나는 만날 집에서 스마트폰만 만지고 있어 우울한 기분이 든다."고 고백했다.

실제로 얼마 전 뉴스를 보니, 통계청의 '2016년 사회조사 결과(2017년 5월 발표)'에 따르면 13세 이상 인구의 54.7%는 전반적인 일상생활에서 스트레스를 받고 있다고 답했다. 부문별로 살펴보면 직장생활에서 받는 스트레스가 73.3%로 가장 많고, 학교생활에서는 52.9%가 스트레스를 느끼고 있었다. 어디 숨 쉴 곳이 없는 모양새다.

상황이 이러자 피로 해소, 에너지보충 음료가 날개 돋친 듯이 팔리고 있다. 한 편의점에 따르면 올해 1분기 피로 해소 음료 매출은 작년 동기 대비 25.8%나 급증했다. 에너지 음료 매출도 지난해 같은 기간보다 22.1% 증가했다. 그뿐만 아니라 마사지숍이나 요가원 등 심신단련이나 스트레스 해소 등을 목적으로 하는 업소들이 급증가한 것도 이런 사회적인 분위기와 절대 무관치 않다.

스트레스 산업이 성행하는 현상에 대해 전문가들은 최근 들어 사회 전반적으로 사람들이 느끼는 피로감과 스트레스가 증폭됐기 때문이라고 분석한다. 전에는 열심히 일해 저축하면 내 집 마련의 꿈을 이루고, 가족이 모두 잘 먹고 살 수 있다는 미래 보장 지향적인 사회였지만, 요즘에는 '내일이 보장되지 않는다.'는 불안감이 가득하다. 결국 이런 상황이 지속하면서 일찌감치 내 집 마련의 꿈은 포기한 채 당장 나의 스트레스를 조금이라도 완화할 수 있는 상품, '나를 위한 소비'에 아낌없이 쓰게 된다는 설명이다.

덧붙여 이런 '스트레스 산업'이 호황을 이루는 현상은 경제협력개발기구(OECD) 회원국 중 유독 구성원들의 스트레스 지수가 높고, 노동시간이 긴 한국 사회의 특성 때문이라고 전문가들은 지적했다. 실제 OECD에 따르면 2015년 기준 한국의 취업자 1인당 연간 노동시간은 2,113시간으로, 35개 OECD 회원국 중 멕시코(2,246시간)에 이어 2번째로 길었다. OECD 평균인 1,766시간보다 347시간이 많다.

특히 이 중에서도 유독 30대가 스트레스를 가장 많이 받는 듯하다. 세계일보(2017년 7월 31일 자) 기사를 읽어

보면 한국건강증진개발원이 2016년, 통계청이 전국 2만 5,000여 표본가구를 대상으로 실시한 스트레스 조사 결과를 분석했는데 전체 직장인의 73.4%가 스트레스를 느낀다고 답했다. 그중 30대가 80.9%로 스트레스가 가장 심했고 다음으로 40대(78.7%), 20대(73.6%), 50대(72.4%) 등의 순이었다.

직장 내 스트레스는 남성(73.9%)이 여성(72.5%)보다 약간 높았지만 가정생활의 스트레스는 여성이 더 심했다. 가정생활에서의 스트레스를 호소하는 남성은 35.7%이지만 여성은 49.4%에 달했다. 경제협력개발기구(OECD)의 각종 통계에서도 비슷한 맥락을 엿볼 수 있다. 2016년 삶의 만족도 조사에서 한국은 OECD 38개 회원국(평균 6.5점) 중 31위(5.8점)를 차지했다. 2015년 정신건강 상태에 대한 조사에서는 '매우 좋다.'고 응답한 비율이 35.1%로 OECD 평균 68.8%의 절반 수준에 그쳤다. 직장환경의 질은 OECD 평균(0.5)보다 낮은 0.43으로 직장에서 시간 압박이나 강압적 지시에 시달리는 경우가 많은 것으로 나타났다.

우리들은 긴 노동시간으로 인해 스트레스를 일상적으로 축적하며 살아가는 듯하다. 이런 기사와 통계들을 보면서 내가 드는 의문은 '우리는 왜 살까? 무엇을 위해 살까?'라는 것이다. 죽어라 공부하고 대학가고, 취업했는데. 사랑하는 사람을 만나서 결혼도 하고 아이도 낳아 키우는데, 우리는 왜 행복하기보다 스트레스를 더 받는 것일까? 아니, 왜 그렇게 죽기 살기로 자신을 달리게 하는 걸까?

핸드폰이 방전되면 사람들은 100%가 채워질 때까지 충전을 한다. 그런데 요즘 우리는 10%만 채우고 다시 방전시키기를 반복하는 것 같다. 이제 100%를 채우자. 시간적인 여력이 없다면 4일 정도만이라도 비워둬라. 멍하니 있지 말고 어디론가 떠나라. 낯선 땅을 찾아 거기서 커피 한잔을 음미하며, 이국의 태양을 만끽하라.

다른 나라, 다른 곳, 다른 사람들을 보는 그 순간만으로도 급속충전이 되는 느낌을 받을 것이다. 사실 여행만 한 에너지 충전은 없다. 떠나면 피곤할 것 같다고? 떠나보고서 그런 말을 하시라. 언제까지 뉴스에서 남들이 떠나는 기사만 읽으면서 툴툴댈 것인가. 어려운 거 없으니 일단 짐부터 꾸려라. 그 순간부터 이미 충전은 시작되고 있다.

진짜 욜로,
하고 계시나요?

최근 한 2년여간, 전 국민의 마음을 사로잡은 트렌드는 욜로(YOLO)다. 욜로란 'You only live once'의 줄임말인데 우리말로 '당신의 인생은 한 번뿐입니다.'라는 뜻이다. 욜로는 신조어로 이미 전 세계에서 많이 사용되고 있는데, 2011년 한 미국 힙합 가수 드레이크의 노래 가사로부터 널리 퍼지기 시작했다. 그 후 이 용어는, 여러 매체에서 유명세를 얻게 되었다.

이들은 미래나 남을 위해 희생하지 않고 현재의 행복을 위해 소비하는 라이프스타일을 추구한다. 내 집 마련, 노후 준비보다 현재 삶의 질을 높여줄 수 있는 자기계발이나 취미 생활에 돈을 아끼지 않는다. 이들은 소비도 자신의 이상을 실현하는 과정으로 본다. 그래서 충동구매와 확연하게 구별된다. 목돈으로 전셋집을 얻지 않고 세계 여행을 떠나거나 취미생활을 하는데 한 달 봉급을 아낌없이 소비하기도 한다. 지금 자신의 행복을 위해 아무런 거침없이 지출하는 것이다.

최근 조사에 따르면 20~30대 남녀들의 84%가 욜로를 긍정적으로 생각하고 후회 없이 현재의 삶을 즐기고 싶다는 마음을 드러내기도 하는 등 이슈가 되고 있는 듯하다. 마치 과거 '힐링'이란 단어가 우리의 일상에 깊게 파고들었듯이 말이다. 사실, 유럽·미국 등 대부분의 나라에서는 욜로를 넘어 다른 문화가 만들어지고 있다.

일명 욜로의 신상 버전인데, 오캄, 킨포크, 라곰, 휘게 등이 그것이다. 오캄(au calme)은 프랑스어에서 유래되었는데 '고요한, 한적한, 조용한'이라는 뜻이다. 스트레스를 받지 않고 마음과 몸이 평온한 상태를 유지하는 것을 뜻하는데, 집 근처 카페에서 커피를 마시며 느긋하게 여유로운 삶을 즐기는 모습을 말한다.

킨포크(Kinfolk)는 미국 포틀랜드의 잡지인 '킨포크(친척·친족)'로부터 시작된 라이프 스타일이다. 텃밭에서 직접 수확한 식재료로 밥상을 차리고 가족이나 친구, 이웃 등 가까운 사람들과 함께 어울리는 자연 속 소박한 삶을 지향한다. 라곰(lagom)은 스웨덴어로 '적당한, 충분한, 딱 알맞은'이란 뜻으로, 환경을 중시해 아름다운 장식품보다 편안하고 소박한 것으로 채워진 공간을 선호하는 것을 말한다. 너무 욕심내지도 너무 앞서가지도 않고 균형 있는 삶을 살고자 노력하는 사람들을 지칭한다.

휘게(Hygge)는 '편안함, 따뜻함, 아늑함, 안락함'을 뜻하는 덴마크어다. 아늑하고 편안한 분위기 속에서 만들어지는 소박한 삶의 행복을 느끼는 것이 목표다. 욜로나 오캄, 킨포크, 라곰, 휘게 등은 각각 추구하는 이미지는 조금씩 다를지 몰라도 공통점은 '행복한 삶'을 지향한다는 것이다. 돈을 쓰는 것에서도 이런 풍조가 느껴진다. 이노션 월드와이드는 2017년 상반기에 '대한민국 신인류의 출현 : 호모 탕진재머'를 통해 소비 추세를 분석했는데 1년간 포털사이트와 블로그·카페, 동호회·커뮤니티 등에서 수집한 6만 건의 데이터를 조사한 결과다.

보고서는 가진 돈을 몽땅 써버리며 만족감을 얻는 '탕진잼('소소하게 낭비하는 재미'를 비유적으로 이르는 말)'의 소비가 3가지 양상을 보인다고 했는데 기분에 따라 충동적으로 탕진하는 '기분파'와 가격 대비 성능이 좋은 것을 찾는 '가성비파', 선호하는 물건을 소장·수집하는 '득템파'로 나뉜다고 했다. 이들은 현실적으로 제품이 필요해서 보다 수집에서 행복을 느꼈고 특정 아이템을 얻기 위해 정보도 적극적으로 검색한 후에 제품을 구매했다. 소비에서도 인생의 즐거움과 만족을 얻으려는 것이다. 물론 당연히 이들이 쓰는 돈은 그리 많지 않다. 그러니 이 같은 양상으로 나뉘는 것일 것이다. 적은 돈으로 만족을 얻고자 하는 노력 자체가 욜로라고 보고 있는 셈이다. 이런 추세는 비단 젊은 층에만 있는 게 아니다.

파이낸셜 뉴스(2017년 8월 1일)를 보면 2017년 상반기 유통 트렌드는 '나홀로족'과 '욜로 라이프'였다. 그리고 이런 유통시장은 40대가 주도한 것으로 나타났다. 이는 롯데멤버스가 3,700만 L.POINT(엘포인트) 회원들의 소비 패턴을 분석한 결과에 따른 것으로, 2017년 2월을 기점으로 우리나라 인구 중 40대 구매 비중이 가장 높은 것으로 확인됐다. 또한 유통 영역별 40대 소비가 차지하는 비중 또한 높아졌다.

최근 40대는 대한민국에서 본격적인 소비를 즐기는 첫 번째 세대로 대변되며, 격변하는 디지털 환경에서 변화를 적극적으로 받아들여 온라인 쇼핑도 익숙한 것으로 알려져 있다. 40대는 백화점, 대형마트와 같은 전통 유통채널뿐 아니라 편의점, 온라인 쇼핑에서도 왕성한 소비력을 보이고 있어 유통계의 핵심 소비주체로 떠오르고 있다.

특히나 제품군별 유통 트렌드를 보면 혼술, 혼밥 등 나홀로(혼)족 트렌드를 대표하는 '1코노미'와 고급 디저트, 해외 여행 등으로 대표되는 '욜로 라이프'가 강세였다. 1인 가구와 싱글 라이프의 확대로 개인 현재의 삶에 집중하는 욜로 라이프가 확대되기 시작하면서 관련 상품들의 소비 증가세가 늘어난 것이다. 무엇보다 욜로 트렌드의 확산으로 이른 여행을 즐기는 얼리버드 바캉스족이 증가하면서 2017년 6월 비치웨어, 캐리어 등 휴가 관련 제품의 수요가 급증한 것도 주목할 만하다.

물론 이런 세태의 변화에 날카로운 목소리를 내는 사람들도 있다. 그들은 새롭고 넓은 세상을 경험하는 여행은 당연히 멋진 일이고, 이를 계기로 자신과 세계를 돌아보게 만든다는 점에서 여행을 떠나는 것은 추천할 만한 일이라고 전제한다. 하지만 여행이 끝나도 삶은 끝나지 않는 것처럼, 여행지에서 돌아와 카드값을 치러야 하고 월세를 내야 한다. 여행이 욜로를 실현하는 하나의 방법일 수는 있어도, 전부일 수 없는 이유라는 것이다. 아울러 여행에서 돌아오면 다음 여행을 준비하며 일상을 버티는 것은 1년에 며칠, 길면 몇 주뿐인 시간을 위해 수많은 나날을 마지못해 견디는 것 자체가 비극이라고도 말한다. 맞다. 일정 부분 동의한다. 이 것은 미디어를 통해 욜로가 마치 소비를 필수조건처럼 내걸 고 있기 때문이다.

사실 욜로는 돈이 아니다. 용기다. 나를 위해 오늘을 살겠 다는 용기가 바로 욜로의 시작이다. 여행도 마찬가지다. 여 행은 소비가 아니다. 용기다. 떠나겠다는 마음을 갖는 것 자 체부터가 이미 여행이다. 남에게 보이기 위해 떠나는 것은 욜로가 아니다. 나아가 해외에 가서 찍은 사진으로 SNS를 도배하는 것은 여행이 아니다. 휴식도 아니고, 그것을 보는 이들을 힘들게 할 수도 있지만 상대가 마음으로, 눈으로 즐 길 수 있는 일이기도 하다.

오캄, 킨포크, 라곰, 휘게 등에서 무엇을 느낄 수 있나? 바로 행복이다. 내가 행복하기 위해 여행을 떠나는 것이다. 그것을 자랑하기 위해 가는 것이 아니다. 우리가 사는 일상 이 워낙 전쟁터 같기에 잠시 그곳을 벗어나는 것이다. 여행 은 생각보다 큰돈이 들어가지 않는다. 그리고 그 여행에서 얻어온 감성은 돈으로도 살 수 없는 것이다. 그래서 계획적인 여행이 중요하다. 진짜 욜로란, 혹은 진짜 여행이란 돈을 마구 써서 마음껏 즐기는 일탈이라기보다는 여행을 통해 평온을 찾고, 자신을 되돌아보는 것을 의미한다.

그것은 인생을 즐김과 동시에 또다시 인생을 재평가하고 배우는 일이다. 힐링이 유행하자, 사람들은 앞다퉈 힐링 관련 물품을 사댔다. 하지만 그것으로 정말 힐링이 됐을까? 욜로도 마찬가지다. 본질은 행복해지자는 것이다. 행복을 위해서 떠나는 것이다. 그것은 돈의 문제는 뒤고 용기가 우선돼야 한다. 용기가 충만하다면 굳이 여행을 가지 않아도 욜로를 시작할 수 있다.

언제까지나 여행은 욜로의 한 축일 뿐이다. 꼭 여행을 가야만 욜로가 되는 것은 아니다. 다만, 그래도 여행이 욜로를 상징하는 가장 큰 단어임은 두말할 것이 없다.

어디까지
가봤나요?

여행이라는 단어를 이야기할 때 가장 많이 쓰는 문구가 '어디까지 가봤니?'다. 이 말 속에는 참 많은 뜻이 담겨 있다. 여행을 가게 되면 제한된 시간 내에 볼 수 있는 것은 한계가 있다. 즉, 한 장소라 해도 어떤 시각으로 보느냐에 따라 수많은 의미의 변수가 생길 수 있다는 것이다. 아울러 내가 미처 보지 못한 부분은 항상 존재하기에, 여행은 늘 아쉬움을 남긴다.

사실 여행지 선택은 취향을 많이 타게 마련이다. 혹자는 유럽을 선호하고 혹자는 동남아를 선호하기도 한다. 그러나 유럽도, 동남아도 사실은 다 매력적이다. 다만 짧은 기간에 그 매력을 느끼기는 힘들다. 더욱이 여행지 트렌드는 해마다 바뀐다.

한 해외 유명 여행사가 밝힌 2018년도 상반기 예약 데이터를 보면 대한민국 강릉을 비롯해 미국 중서부 도시, 브라질의 해변 마을 등이 급부상했었다. 또한 롯지, 료칸, 유르트 같은 비전통적인 유형의 숙소를 예약하는 게스트들도 증가했다. 여기에 경험 여행을 제공하는 트립 예약의 29%는 식음료 분야가 차지해 식도락 여행이 가장 인기 있는 여행 테마임을 입증했으며, 음악 분야 트립도 증가하고 있는 것으로 나타났다.

이 중 가장 많이 예약한 도시 상위 10은 도쿄, 파리, 오사카, 뉴욕, 런던, 로마, 올랜도, 리스본, 시드니, 마이애미 순으로 나타났다. 예년과는 다르게 리스본이나 마이애미처럼 상대적으로 규모가 작은 도시들이 인기 있는 글로벌 도시 목록에 올랐다. 롯지와 일본식 여관, 료칸과 같은 비전통적인 숙소들이 지난해에 걸쳐 역대 최고의 성장률을 보였다. 이를 통해 많은 여행객들이 도시의 평범한 아파트처럼 단순히 편안한 숙소보다는 특유의 소박함이 묻어나는 독특한 숙소에 매력을 느낀다는 사실을 알 수 있다.

한국에서는 겨울 스포츠를 비롯해 사계절의 매력이 가득한 강원도의 강릉이 전년 대비 2,175%의 예약 증가율을 보이며 최고 트렌딩 도시 1위로 선정됐다. 바닷가에 자리하고 있으며 식도락을 비롯하여 다양한 스포츠를 마음껏 즐길 수 있는 곳이라는 점이 많은 영향을 미쳤을 것이라는 분석이다. 이를 비롯해 353%의 예약 증가율을 자랑하는 따뜻하고 드라마틱한 해변이 인상적인 영국 남부 휴양지, 본머스가 2위를 차지했으며 로키산맥까지 운전해서 갈 수 있는 캐나다의 에드먼턴이 284%의 증가율로 3위에 올랐다. 이들이 발표한 트렌드를 분석해보자.

우선 미국의 중서부 도시가 커다란 성장률을 보인다. 새로운 식당과 유흥, 지역 예술로 활기를 띠며 인기를 끌고 있기 때문인데, 특히 인디애나주의 인디애나폴리스는 전년 대비 256%, 오하이오주의 콜럼버스는 254% 예약이 증가했다. 예약이 많이 증가한 여행지로는 유명 국립공원 근처에 위치해 풍부한 자연경관을 자랑하는 미네소타주의 화이트피쉬(242% 증가) 같은 소도시가 있다.

북미 지역에서는 캐나다 로키산맥까지 운전해서 갈 수 있는 곳들이 많은 여행객들을 불러 모으고 있다. 에드먼턴(284%), 퍼니(179%), 킬로나(170%) 중심부가 바로 그곳이며, 퍼니와 킬로나 두 산골도시에서는 크로스컨트리 스키부터 플라이 낚시, 와인 테이스팅까지 연중 다양한 야외 활동을 즐길 수 있다.

남미에서는 점점 더 많은 여행객들이 브라질의 광활한 해변에 위치한 무수한 동네로 몰려들면서 브라질 해변 마을 중 최소한 10여 곳의 예약이 2배 이상으로 증가했다. 리오나 사우파울로 같은 대도시 외에도 마틴요(209%), 구아라파리(205%), 우바투바(181%) 같은 여행지도 도심지보다는 끝없는 해변으로 여행객들을 이끌고 있다.

아시아에서는 광저우(190%) 등 대도시가 중국의 성장과 함께 꾸준한 성장세를 보인다. 또한 세계적 여행지로 급성장 중인 베트남의 하노이(212%), 다낭(255%)은 눈부신 해변과 수 세기의 역사를 자랑하는 건축물, 도회적인 편의시설 보유 등으로 높은 예약률을 나타내고 있다. 유럽에서는 파포스의 사이프러스 마을(234%), 파마구스타(234%) 등이 고대 폐허의 모습과 반짝이는 바위들이 두드러지는 해변의 매력에 힘입어 지중해 지역의 고공 행진을 이끌어가고 있다.

예약 상황만으로 보자면, 여행의 추세는 전통적으로 아름다운 광경에 집중되어 있지만 여기에 즐길 거리까지 풍부한 곳이 인기를 끌고 있다. 덧붙여 덜 북적이는 곳도 주목 대상이다. 브라질이 그 대표적이다. 브라질은 사실 우리나라 여행객에 그렇게 인기 있는 곳이 아니었다. 멀기도 하고 아마존에 대한 온갖 험악한 이야기들이 쓸데없이 퍼져 있기 때문이다. 하지만 리우 올림픽이 치러지면서 인식이 많이 바뀌고 있다.

그런데도 브라질 여행은 여전히 리우 정도에서만 멈춰 있다. 사실 브라질은 문화적 배경이 깊고 탄탄한 곳이다. 아마존과 반짝이는 해변이 공존하는, 천혜의 자연조건을 갖춘 곳이어서 제대로 경험한 사람들은 꼭 다시 가고 싶어 하는 나라다. 가기도 쉽다. 대한민국과 비자 면제협정이 체결돼있어 90일 이내라면 쉽게 드나들 수 있고, 남반구에 위치해 우리나라와 계절이 정반대이기 때문에 더위를 피하거나 추위를 피하고자 찾기에도 아주 좋다.

그리고 삼바 카니발이 열리는 계절에는 꼭 가야 한다. 삼바 카니발은 브라질의 국민 축제다. 사순절 기간에 못 먹는 고기를 마음껏 즐기자는 뜻을 내포하고 있다. 보통 여름인 2월에 주로 개최되며, 브라질 내에 있는 수백 개의 삼바 학교들이 이날의 단 두 시간을 위해 1년이라는 긴 시간을 바쳐 축제를 준비한다.

가장 유명한 것은 리우데자네이루와 살바도르, 상파울루

카니발이다. 지난 2013년에는 한인 이주 50년을 맞이해 리우데자네이루와 상파울루에서 한국을 주제로 한 카니발이 열리기도 했다. 입장료는 50달러에서 2,000달러까지 다양하며, 리우데자네이루의 경우 이보다 더 비싸다. 브라질을 찾는 해외 관광객들의 경우 카니발 기간 축제장 인근에서 표를 파는 암표상들로부터 가격을 비교해가며 구매하는 것이 일반적이다. 형형색색의 화려한 옷을 갖춰 입은 사람들은 저마다 끼를 마음껏 발산하고, 이를 보며 관중들도 함께 열광한다.

아마존도 꼭 추천한다. 브라질 아마조니아 주의 주도인 마나우스에서 아마존으로 들어가는 여정이 시작되는데 이곳에서는 우리 돈으로 10만 원이 채 안 되는 돈에 점심 식사가 포함된 당일 투어를 할 수 있다. 리우데자네이루 코파카나바 해변 근처의 음악 클럽들에서 브라질 정통 보사노바 음악을 즐기는 것도 추천한다. 테이블을 예약해야만 들어갈 수 있을 정도로 인기가 높은 이 클럽들은, 우리나라와 달리 찾는 사람들의 연령대가 20대부터 60대까지 다양하다는 것이 특징이다.

이뿐만이 아니다. 더 말해 줄 것이 천지다. 여행은 어디든

한 번으로는 알 수가 없다. 해외만 연간 수십 번을 나갔다 오는 필자도 타인이 여행지를 이야기할 때는 집중한다. 내가 모르는 장소에서 내가 모르는 매력을 만났을 수 있기 때문이다. 여행은 그런 것이다. 끝이 없다. 브라질 이야기를 했지만 여전히 그 나라에 대해서 나는 잘 모른다. 다만 그 나라에서 꼭 봐야 할 것들만이 머릿속에 남아 있을 뿐이다.

중국도 마찬가지다. 대규모 관광객을 실어 나르고 장가계에 오르고 중국 음식을 먹었다고 해서 그 나라를 알 수 있는 것은 아니다. 중국 곳곳에 깔린 매력과 역사, 그들의 풍습, 갖가지 음식을 다 체험해보려면 며칠로는 턱도 없다. 그러니 한두 번 같은 나라에 다녀오고 마치 통달한 것처럼 그 나라를 이야기하는 사람을 보면 나는 빙긋 웃으며 물어보곤 한다.

"그래, 어디까지 다녀오셨어요?"

관광이든 여행이든
일단 떠나라

무한도전 정신감정 주치의로 알려진 송형석 정신과 전문
의가 《까칠하게 힐링》이라는 책을 발표했다. 심리치료 에세
이인데, 인상 깊은 대목이 있다.

'저는 상담 중의 대화만으로는 마음을 열어젖히지 못한
다는 느낌을 받곤 합니다. 저는 말을 믿지 않아요. 닫힌 마
음을 열고 그를 자극하는 데에는 음악, 미술, 드라마 같은
예술, 광활하고 깊은 영감을 주는 자연, 몸으로 움직이고 오
감으로 느끼는 운동, 음식 등이 수십 배는 가치가 있다고
느낍니다. 굳이 답답한 진료실에 앉아 똑같은 얘기를 수년
씩 할 필요가 뭐 있겠습니까? 새로운 경험을 통해 자신이
얼마나 좁은 시야로 살았는가만 깨닫게 하면 저절로 치료

가 시작되는데…'

그래서 그가 추천하는 치료 방법이 바로 '여행'이다. 그는 여행은 길을 열어주는 행동이라고 규정한다. 새로운 풍경과 문화가 계속해서 사람을 지루하지 않도록 자극하기에 무덤덤해진 육체와 정신을 긴장하게 한다는 것이다. 특히 인도나 동남아시아의 가치관들은 생사를 초월하는 것이 있어서 그들과 접하다 보면 정신적인 고민이 적어지는 경우가 많다고 강조한다. 그는 여행을 통해 습득한 풍경과 문화가 결국은 스스로 '쾌감'을 주고, 고독과 방황이 '정신적 깊이'를 만들어 준다고 말한다.

사실 이 책을 읽기 전까지는 '여행 치료'라는 말을 들어 본 적이 없다. 물론 여행이 어느 정도 심리치료를 해주는 것은 굳이 전공서적을 떠들어 보지 않아도 경험자인 필자가 알고 있는 이야기다. 여행은 성장이다. 그러나 이 조건이 성립하기 위해서는 몇 가지 준비 상황이 필요하다. 예를 들어 고독을 느낄 수 있을 정도의 적은 인원과 아무리 적게 가더라도 몇 주간가량의 기간, 그리고 생존을 위한 여행 경비 등이 그것이다.

그래서일까. 송형석 의사는 '여러 스타일의 여행을 다녀봤지만, 저에게 가장 또렷한 기억으로 남는 것은 혼자 갔던

여행들입니다(같이 몇 달씩 여행 다녔던 아내나 친구에게
는 미안하나). 특히나 절대적으로 고독함을 느꼈던 여행들
이 소중하게 남습니다. 이런 여행들은 '다녀오기 전의 나와
다녀온 후의 나는 다르다!' 혹은 '나는 여권과 카드(?)만 있
으면 죽지 않는다!'라는 용기를 일깨워 줍니다. 홀로 여행은
왜 사람을 치유하고 변화시킨다는 것일까요? 앞에서 제가
자신을 향한 세 가지 질문, '무엇을 좋아하는가, 혼자 할 수
있는 것이 무엇인가, 자신을 돌아볼 수 있는가'에 답하는 것
이 정체성을 강화시켜 준다고 했었죠. 고독한 방랑은 그 세
가지를 모두 급상승시켜줍니다.'라고 책에서 서술하고 있다.
곰곰이 생각해보면 틀린 말은 아니다.

혼자 해외여행을 떠나면 긴장감이 상당히 높아진다. 낯
선 나라에서 낯선 언어로 대화해야 하는 부담감, 지도와 여
행서를 줄줄 외워야 하고 살아남기 위해서 예민해진다. 생
존에 뇌가 집중하다 보니 일상의 작은 행동들도 의미가 있
어진다. 괜히 접근하는 낯선 사람에게 긴장과 도움을 청하
고 싶은 욕구가 충돌하기도 한다. 그러다 보니 쉬어 있는 뇌
가 격렬하게 움직이게 마련이다.

반면, 생각보다 또 편하기도 하다. 말이 통하지 않는 곳이

다 보니, 나에게 관심 쏟는 사람도 없을뿐더러 말을 걸어야 할 사람도 없다. 또 할 일도 없다. 기껏 하는 말이라고는 생활언어뿐이고 이는 현지에서 조금만 머리를 쓰면 금방 습득할 수 있다. 이 정도면 현대인으로서 거의 일상에서 벗어난 상태라고 볼 수 있다. 이런 이유로 송형석 의사는 '여행은 길을 열어준다.'고 규정한 것이다. 자신의 한계를 벗어나는 것이 발전이라면 여행은 그것을 제공해주는 것을 넘어서 강요하기까지 하기 때문이다.

혼자 떠나는 여행이 좋은지 같이 떠나는 여행이 좋은지는 뒤에 이야기할 테니, 지금 하고 싶은 말은 '일단 떠나라.'이다. 이 말은 내가 한 것이 아니라 소설 '좁은 문'으로 1947년 노벨문학상을 받은 앙드레 지드의 사상적 자서전, '지상의 양식(세계문학전집)'에서 나온 말이다. 이 책은 저자가 아프리카 여행을 통해 모든 도덕적·종교적 구속에서 해방되어 돌아와 저술한 사상적 자서전으로, 정신적 해방감에 대해 노래하고 있다. 나아가 생명의 전율을 묘사한다.

특히나 하늘보다는 땅, 신보다는 인간, 영혼보다는 몸 등에 대해 다루면서 우리의 욕망과 본능만이 삶의 나침판이 되어준다고 말하는 대목이 인상적이다. 행복은 오직 순간 속에 있음을 주장하면서, 우리 생에서 가장 중요한 부분은 바로 지금 이 순간이라고 말하는 것이다. 그렇기에는 그는 '떠나라. 일단 떠나라.'라고 강조한다. 필자도 같은 생각이다.

여행은 고민하는 것이 아니다. 내 일상이 무거울수록, 내 삶이 고달플수록 떠나야 한다. 쉬기 위해 떠나든, 머리를 정리하기 위해 떠나든 일단 밖으로 나가야 한다. 이탈리아에 가봐야 그곳에 피자 말고도 먹어야 할 음식이 엄청나다는 것을 깨달을 것이고, 소매치기보다는 미남, 미녀가 더 많다는 것도 알게 된다.

시베리아로 가봐야 그곳의 8월이 생각보다 춥다는 것을 직접 몸으로 느끼게 되고 시베리아 횡단 열차가 멈추는 역마다 지역 음식들이 즐비하다는 것도 알게 된다. 배고프니 먹어야 하고, 먹기 위해 움직여야 한다. 새로운 맛과 멋을 느끼고 낯선 땅의 공기를 마시면서 머리를 비우게 된다. 이따금 살고자 하는 본능만으로 움직이는 때가 있고, 느긋한 여유를 만끽할 때도 있다. 머리를 무겁게 했던 금전적인 문제도 한 걸음 떨어져서 바라보면 사실 큰 문제가 아닌 것처럼 느껴진다.

언젠가 러시아에 갔을 때의 일이다. 같이 갔던 일행 중에 40대 남성의 얼굴이 여행 전부터 어두웠다. 자세한 이야기는 나중에 들었지만 그는 당시, 이혼문제 때문에 굉장히 복잡한 상태였다. 배우자의 마음이 변했고 그는 그것에 대해 상처를 많이 받은 상태였다. 그런데도 배우자와 헤어지는 것은 또 망설이고 있었다. 아이 때문이었다.

그때 우리 여행의 목적지는 바이칼 호수였다. 그가 그곳을 목적지로 선택한 것은 시기가 맞았기 때문이었다. 때마침 한국은 무더운 여름인 8월 중순이었다. 인천공항에서 떠나기 전까지도 표정이 어두웠던 그는 러시아의 8월을 맞아 곧 당황했다. 여름이었지만, 밤에는 바람막이 두 개를 뒤집어쓰고도 덜덜 떨어야 했고 머리를 식힐 줄 알았던 열차 여행은 무료하고 지루했다. 그런 무료함을 버티며 중간중간 멈춘 기차역에서 그는 기지개를 켜고 달리고 밥을 먹고 하면서 점점 표정이 바뀌었다. 그리고 바이칼 호수에 도달했을 때 그는 여행하던 중 처음으로 환한 미소를 지어 보였다. 그날 밤에 일행끼리 가벼운 술자리가 있었고 그는 이런 말을 했다.

"떠나올 때는 솔직히 '그냥 아무 데나 가자'는 마음이었습니다. 그런데 이제 생각해보니 그게 정답이었네요. 머리가 많이 맑아졌습니다. 한국으로 돌아가면 용기를 내서 문제들을 처리할 수 있을 것 같네요."

그 당시에 그는 상당히 홀가분한 표정이었다. 거기에는 분노나 두려움이 없었다. 어쩌면 그는 낯선 여행지에서 자신의 속에 감추인 또 다른 '나'를 만났을 수도 있다. 아니면 이미 답을 알고 있었지만 주저하던 자신의 나약함을 인정하고 다음 걸음을 내딛으려 했는지도 모른다. 그 뒤 그의 소식을 듣지 못했지만, 다시 한국으로 돌아왔을 때 생기가 넘치던 그의 얼굴이 기억난다. 무작정 떠난 여행에서 답을 찾았던 모양이다.

지금 혹시 고민하고 있거나 삶의 무게에 눌렸다는 생각이 든다면 바로 떠나라. 일단 다 덮어 놓고 떠나보자. 답은 있다. 다만 문제가 무엇인지 정확하게 알지 못해 답을 못 내리고 있는지도 모른다. 여행은 당신에게 답을 주는 것이 아니라 문제가 무엇인지 알려주기도 한다. 문제가 무엇인지 안다면 답을 내리는 것은 생각보다 쉽다. 그러니 떠나보자. 나를 위해서 말이다.

혼자 하는 여행?
같이하는 여행?

    김동연은 '너도 떠나보면 나를 알게 될 거야.'에 이런 구절을 썼다.

    '사람이 살아가면서 꼭 위로 높아지는 것만이 정답은 아닌 것 같아. 옆으로 넓어질 수도 있는 거잖아. 마치 바다처럼. 넌 지금 이 여행을 통해서 옆으로 넓어지고 있는 거야. 많은 경험을 하고, 새로운 것을 보고, 그리고 혼자서 시간을 보내니까. 너무 걱정 마. 내가 여기서 시간을 보내는 동안 다른 사람들이 너보다 높아졌다면, 넌 그들보다 더 넓어지고 있으니까.'

    '내가 혼자 여행하는 이유'의 저자 카트린 지타는 7년 동안 세계 곳곳을 혼자 여행했다. 그리고 여행을 하면서 얻은 교훈과 체험, 유익함, 여행할 때 활용할 수 있는 조언까지 책에 담았다. 혼자 하는 여행은 전혀 방해를 받지 않고 자신에게 온전히 집중할 수 있으며 자신을 들여다보고 본래의 모습을 발견하게 된다. 그래서 카트린 지타는 혼자 하는 여행을 권한다.

그는 여행이 독립성과 자율성을 키워주고 인간관계를 깊이 맺어갈 수 있게 한다고 설명한다. 여행 중 부딪치게 되는 여러 사건으로 두려움을 느끼게 되는데 이런 일들을 겪다 보면 어느덧 평상시에 일상생활을 하면서도 안정감을 갖게 되며 여러 가지 문제들을 넘어서는 자유를 얻게 된다고 한다. 그는 여행을 통해 솔직함(진정성), 열정, 기질, 감사하는 마음, 결단력, 융통성, 즐길 수 있는 능력, 남을 돕고자 하는 마음, 직관, 젊음, 힘을 북돋아 주는, 해법 지향적인, 용기, 호기심, 정의, 책임감, 감정의 근원, 마음의 평화, 자아실현, 자신에게 맞는 삶의 속도, 독립성, 상처의 치유, 내면적 성장, 경청하는 법 등 25가지의 유익함을 얻을 수 있다고 썼다.

혼자 하는 여행을 꿈꾸는 사람들은 상당하다. 예를 들어 스카이스캐너가 2017년 1월 16~30일, 20세 이상의 한국인 여행객 1,668명을 대상으로 진행한 '2017 여행 버킷리스트' 설문 조사 결과 2명 중 1명(51%)은 '올해 나 홀로 여행을 떠

나고 싶다.'고 답했다고 한다. 답한 사람의 대부분은 '일정
에 구애받지 않는 자유로운 여행을 원해서(53%)'와 '혼자
시간을 보내고 싶다(23%).'를 가장 선호했다.

혼자 하는 여행의 장점은 뚜렷하다. 시간 내기도 쉽지 않
은 바쁜 친구들과 가족들, 그들의 일정을 맞추려면 내 일
정 조절이 힘들어지기도 한다. 혼자 하는 여행은 내가 원하
는 여행지를 내가 원하는 시간에 결정해서 출발할 수 있어
자유로운 여행의 시작이 가능하다. 또한 여행 스타일이 다
르면 여행 내내 피곤해진다. 먹방 위주인 여행, 쇼핑 위주인
여행, 휴식 위주인 여행. 각자의 여행 스타일에 따라서 여행
하는 내내 자신이 하고 싶은 여행을 하지 못하고 스트레스
만 쌓이기도 한다.

또한 혼자만의 감상에 빠져들기 편하다. 일본의 야경을
바라보며 한참을 멍하니 있을 수 있고, 이어폰을 꽂고 분위
기와 어울리는 노래를 들을 수도 있다. 여기에 일정을 계획
하고 혼자 공항에 도착해서 호텔까지 무사히 앱과 지도를
사용해, 가고 싶었던 그곳을 열심히 찾아가는 것에 성공하
는 쾌감도 자리한다. 걱정 반으로 시작했던 여행이 점점 끝
나가면서 혼자서 해냈다는 묘한 성취감이 생기는 것이다.

반면, 혼자 하는 여행은 생각보다 돈이 많이 든다. 혼자

다 보니 숙박비, 택시비, 식사비를 나눌 수가 없어 부담이 커진다. 유명한 맛집에서 2개 이상의 메뉴를 먹고 싶지만 그러기 쉽지 않다. 또한 다른 사람과 함께 떠들며 같은 감상을 공유하지 못하고, 유럽의 밤거리, 소매치기 등 혼자라서 조금은 불안해 밤 일정을 포기하게 되는 일도 많다. 그리고 가방을 부여잡고 주변을 의식하며 빠르게 걷다 보면 아무 걱정 없이 주변을 구경하며 걷는 여행이 부러울 수도 있다.

그렇다면 단체여행은 어떨까? 단체여행도 혼자 여행과 마찬가지로 장단점이 있다. 가장 큰 장점은 동행이 있어 외롭지 않다는 것이다. 유럽의 예를 들어보면 대부분 유럽은 여행 기간이 길기 때문에 배낭여행으로 떠날 경우 혼자는 정말 심심하다. 마음 맞는 사람과 떠나는 단체 여행은 같이 맛집에 가고 서로 사진을 찍어주고 야경을 감상하며 맥주도 한잔하면서 잊지 못할 추억을 만들 수 있다.

또한 인솔자가 있어 든든하다. 여행지에서 발생할 수 있는 각종 사고를 인솔자에게 말해 해결할 수 있고 안전한 상황에서 마음껏 이국의 정취를 즐길 수 있다. 여행지 도시의 맛집과 공연을 손쉽게 볼 수도 있고, 혹시나 병원, 경찰서, 대사관 등에 가야 할 때 함께 가서 원만하게 일을 해결할 수도 있다.

여행 자체가 편하다는 점도 있다. 각종 교통편이 예약되어 있고, 이동 경로를 최소화할 수 있다. 숙소도 잡혀 있어 이동할 때는 별 걱정이 없다. 좀처럼 초행길에서는 찾기 힘든 골목 사이사이를 돌아다닐 수 있고 여유롭게 쇼핑을 즐길 수도 있다. 그러나 단체로 움직이는 여행이라서 전체적인 일정이 짜여 있다. 그래서 자신이 가고 싶은 여행지만 딱 골라 갈 수 있는 개인 여행보다는 자유롭지 못하다.

전체적으로 짜인 여행도시와 일정에 맞춰야 한다는 것은 생각보다 스트레스가 될 수 있기 때문이다. 그래서 여행을 잘못 선택하면 이동만 하다가 끝나는 경우도 있다. 여기에 전체 여행 일정이 길다고 해서, 그 안에서의 일정이 여유로운 것은 아니기에 생각보다 쫓기는 경우가 많다. 외국인을 만날 기회도 줄어든다. 아무래도 한국인끼리 함께 여행하면 여행 중, 외국인 친구를 만날 기회는 확 줄어든다. 물론 본인이 노력하기 나름이지만, 마음 맞고 말이 잘 통하는 동행이 옆에 있다 보니 외국인들에게 먼저 말을 걸 필요성을 거의 느끼지 못하기 때문이다. 또 인솔자의 통제를 따라야 하는 번거로움도 있다.

어느 여행이 더 좋냐고 물어보면 답을 잘 못 하겠다. 혼자 떠나는 여행도 사실 몇 가지 옵션을 걸면, 단체여행의 장점을 얻을 수는 있다. 비용이 늘어나는 것이 문제지만. 단체여행 역시 자유롭게 다닐 수도 있다. 물론 사건사고는 본인이 전적으로 책임져야 한다. 그래서 나는 늘 답하기를 여행사와 깊이 상담해보라고 한다. 개인적으로는 뛰어난 가이드가 있는 단체여행이 좋다고 생각한다.

혼자 여행을 많이 다녀봐서 아는데, 생각보다 힘이 많이 든다. 더욱이 그 나라의 언어를 못 할 경우엔 10배 이상 더 힘이 든다고 봐도 무방하다. 가이드가 뛰어나면, 융통성을 발휘해 자유 시간을 가질 수 있고 각종 위험에서 예방되기도 한다. 내가 모르는 그 나라의 전설이나 뒷이야기를 들을 수 있고, 쉽게 찾을 수 없는 예쁜 가게를 방문할 수도 있다. 요는 많은 것을 보느냐, 아니면 여유롭게 보느냐의 차이다.

그래도 무엇이 됐든 일단 떠나자. 떠나보면 알게 된다. 여기 있는 삶이 생각보다 소중하다는 것을. 그리고 언제든지 돌아올 곳이 있다는 사실은 낯선 땅의 풍경을 더욱 아름답고 풍성하게 바라보게 한다. 체코의 야경을 보며 셀카를 찍든, 단체 사진을 찍든 간에 체코에 내가 지금 있다는 것이 중요한 것이 아닐까?

여행은
인생입니다

　'문학사계 겨울호(64호)'에는 여행과 관련한 특집 좌담이 소개됐다. 편집주간 황송문, 이명재 교수(문학평론가)와 유금호 교수(소설가)가 여행 중에 만난 사람들, 여행지에서 만난 작가들, 문학과 관련된 작품 얘기들, 그리고 여행지에서 찍은 사진을 실었다. 다 재미있었지만 특히 눈길을 끈 것은 편집자의 소개 글이었다.

　'여행은 인생의 즐거운 예술이다. 아름다운 것에 도취하는 것이요. 생의 희열을 느끼는 것이다. 생활이 인생의 산문이라면, 여행은 인생의 시(詩)다. 여행의 진미는 인생의 무거운 의무에서 잠시 해방되는 자유의 기쁨에 있다. 여행은 우선 떠나고 보아야 한다. 행운 유수가 곧 여행의 정신이다.'

곰곰이 되짚어 보면 참 그럴듯한 표현이다. 아니 멋진 표현이다. '생활이 인생의 산문이라면 여행은 인생의 시'라는 말은 내 인생에 있어서 여행을 되돌아보게 한다. 나는 여행업을 하는 사람이다. 물론 젊었을 때부터 '이것을 꼭 할 거야.'라고 해서 시작한 것은 아니었다. 다른 인생을 충분히 살았고 그 인생에서도 과분할 만큼 능력을 인정받기도 했다.

누구나 그렇듯 어느 순간 인생의 공허함을 만나게 되었고, 극복을 위한 여러 방법을 강구했다. 그때 나에게 찾아온 것이 여행이었다. 낯선 땅이 주는 자유, 그 속에 숨겨진 인생의 이정표. 여행은 처음엔 낯선 나를 만나고 그것이 곧 숨겨진 나라는 것을 알게 한다. 숨겨진 나의 민얼굴을 느끼며 내가 무엇을 눌러왔고 어떤 것을 동경하며 어떤 방향으로 가야 하는지를 되짚어 보는 시간이 바로 여행이다. 무엇보다 여행을 마치고 집으로 돌아왔을 때의 안정감과 새로운 희망에 대한 결심은 나를 이 매력적인 업계로 끌어들이기에 충분했다.

여행에 대한 수사어는 많다. 하지만 나는 여행은 곧 인생이라고 정의한다. 나처럼 여행을 업으로 삼은 사람에게만 통하는 문구는 아니다. 수많은 고객들과 함께 세계 곳곳을 누비며 나는 그들의 변하는 얼굴을 수차례 보아왔다.

처음에는 긴장감과 설렘, 그리고 그것을 애써 감추려는 듯 퉁명스러운 표정으로 여행지에 오지만 결국 원하든 원하지 않든 자신을 찾아내고 그것을 낯설어하다가 이내 받아들이는 모습은 언제 봐도 신기하고 대단한 일이다. 사실 우리는 현대사회에서 두 가지의 오류를 자주 범한다. 하나는 보고 싶은 것만 보는 것이고, 두 번째는 듣고 싶은 것만 들으려고 하는 것이다. 이런 행위는 정보가 넘쳐나는 이 시대에서 자신의 가치관을 지키는 일이라고 생각하는 사람도 있다. 여행을 가보면 알게 된다. 보는 눈높이에 따라서 보이는 것은 차이가 크다.

어디서 무엇을 보느냐에 따라 감동은 차이가 있다. 남들이 가장 경탄하는 장소에서 무언가를 전혀 느끼지 못하는 사람이 있는 반면, 가장 익숙한 장소에서도 어떤 것을 발견하는 사람이 있다. 여행은 이런 두 가지 오류를 범할 기회를 주지 않는다. 보고 싶은 것만 볼 수 없고 듣고 싶은 것만 들을 수도 없다. 다람쥐 쳇바퀴 같은 일상, 안전한 울타리를 한 걸음 벗어나 있기 때문에 모든 것이 낯설고 새로우며 긴장하게 된다.

그런 면에서 여행은 인생의 축소판이다. 리셋을 시키고

처음으로 돌아가게 한다. 다만 다른 게 있다면, 우리가 인생의 처음을 만났을 때는 아무것도 하지 못했지만 여행지는 완성된 내가 처음으로 돌아온 것이기에 많은 실수와 오류를 줄일 수 있다. 그리고 결말은 익숙한 곳으로 돌아온다는 것도 매력적이다. 여행은 떠났을 때의 설렘만큼이나 집으로 왔을 때 만족감과 포근함도 함께 가져다 준다.

아무리 산더미 같은 고민을 쌓아두고 떠나온 곳이라 하더라도 여행 끝에 다시 만나는 집은 나를 한층 더 삶에 몰입하게 해준다. 또한 인생이 그러하듯 여행은 사람이 중요하다. 낯선 곳의 혼자뿐인 나라도 결국은 사람과 만나게 되고 사람과 얽히게 된다. 사람으로 인해 인생에서 기쁨과 슬픔, 미움을 알게 되듯 여행도 마찬가지다. 다만 여행은 미움을 느낄 만큼의 시간이 그리 많지 않다는 게 차이점일 뿐.

아울러 늘 선택해야 한다는 점에서 인생과 유사하다. 여행은 한정된 자원(시간, 돈) 속에서 살아가야 하기 때문에 항상 결정의 순간에 놓이게 된다. 그 모든 결정은 온전히 자기 몫이다. 또한 주위환경이 중요한 것이 아니라 그것을 받아들이는 내 태도가 중요하다는 것을 배우게 된다.

여행을 하다 보면 많은 일을 경험하게 되는데, 그것을 어떻게 받아들이냐에 따라 여행이 행복해질 수도 불행해질 수도 있다. 인생도 마찬가지다. 어떻게 받아들이느냐. 이것이 바로 우리의 다음 행로를 결정하는 아주 중요한 이정표가 된다. 생각해보면 인생이든 여행이든 한 가지 방법만 있는 것이 아니다. 관점과 가치관에 따라 삶과 여행은 여러 가지 색깔을 보여준다.

여행을 즐기는 사람들은 그래서 경험해보지도 않고 왈가왈부하지 않으려 한다. 경험만을 맹신하는 것도 문제지만 경험 없이 보고 들은 것만으로 예단하는 어리석음도 문제다. 그런 면에서 여행은 경험이라는 소중한 배움을 선사한다. 그리고 그 경험은 곧바로 자신의 인생과 접목되어 새로운 가치관을 형성하거나 기존 가치관을 더욱 발전시킨다. 여행이라는 것이 굉장히 거창한 것인 듯하지만 실상은 또 그렇지 않다. 인생이나 여행, 이 모든 것이 완벽할 순 없고, 완벽해지길 바랄수록 점점 더 불행해지기 마련이다.

수많은 매체가 보여주는 환상적인 여행지의 사진들과 영상들은 사실 그것을 찍는 사람들의 고통과 노력이 수반된 것이다. 우리가 가는 곳에서 그런 장면을 볼 수 있을지는 미지수이다. 또 보지 못할 경우 실망하게 마련이다. 그런데도 여행을 다시 떠나는 이유는 이런 사소한 실패와 또는 작은 즐거움, 낯설어함이 시간이 흐른 뒤에 다른 무늬로, 다른 색으로 또다시 입혀지면서 인생의 중요한 기억으로 남게 되기 때문이다.

우리의 인생도 마찬가지다. 지금 이 순간을 어떻게 보내느냐에 따라 나중의 기억이 결정된다. 5년 뒤, 당신의 오늘을 기억할 수 있을까? 여행은 그것을 가능하게 한다. 또 거기에 한 줄 정도의 멋진 자신만의 명언도 같이 기록되어 있다. 여행이 곧 당신이기 때문이다.

CHAPTER

두 번째 장 나는 인생의
모험가이자
여행가

나는 아이들에게 종종 "인생에서 딱 5일만 남았다면 그 5일 동안 여행을 해야 한다."고
말한다. 여행이 남겨주는 사진과 추억도 있지만, 현지에서 느끼는 감동이 가장 크다. 그
리고 다낭이 주는 감동은 생각보다 크다. 가족 모두가 즐길 거리가 있고 또 다낭 특유의
이국적인 아름다움을 만끽하다 보면 가족 간의 우애도 돈독해진다. 개인적으로도 다낭
을 좋아한다. 그곳에 가면 늘 설렌다.

가족이 생각나는 곳
'다낭'

여행사를 운영하는 사람들은 절절하게 느끼는 것이 하나 있다. 시간이 부족하다는 것이다. 어제는 중국 장가계에 있었는데, 내일은 유럽행 비행기를 타야 한다. 돌아와서 가족 얼굴 보고 저녁 한번 먹으면 다음 날은 베트남에 와있다. 1년 중 절반 이상을 해외에서 보내고 그 남은 절반 중 3분의 1은 영업을 위해 뛰고, 나머지 3분의 1은 회사를 위해 보내면 남는 것은 아주 적은 시간이다. 고객들이 나에게 하는 질문 중 가장 많은 부분을 차지하기도 한다.

"혹시, 결혼하셨어요?"

"남편이 뭐라고 안 하세요? 이렇게 오래 나가 계시는데?"

어떤 질문은 걱정이 담겨 있고, 어떤 질문은 어느 정도의 비난도 섞여 있다. 대한민국이 많이 발전했지만 아직도 여성이 일하는 것에 대한 시각은 불편한 구석이 있다. 결론만 말하자면, 나의 남편과 세 아이에게 늘 감사할 따름이다. 나의 성공은 남편과 아이들의 헌신과 배려 덕분이라고 생각한다. 여행지에서 지친 몸으로 돌아오는 나를 다정하게 받아주고 제대로 풀지 못하는 내 짐을 한쪽에 정리해준다. 아이들 역시 바쁜 엄마의 일상을 잘 알고 있어 큰 투정이나 불만을 표출하지 않는다.

나라고 왜 모를까. 엄마가 필요한 시기에 곁에 없다는 것이 어떤 의미로 다가오는지 말이다. 내가 여행사를 운영함으로써 우리 아이들은 어릴 적부터 해외를 접할 기회가 많았다. 큰아들 진영(22세)이는 중국 청도 해양대학교 2학년, 둘째 딸 정원(21세)이는 싱가포르에서 관광경영을 공부하고 있으며, 셋째 민상(19세)이는 세부에서 중·고등학교를 다닌 후, 현재 인천해양과학고 3학년 재학 중이다. 그리고 남편은 티베트의 평신도 사역을 위해 준비하고 있다.

매년 10월에 추석 연휴가 다가오면 여행사는 정신없이 바쁘다. 평소에는 단체여행 신청이 많다면 이 시기는 가족여행이 주를 이룬다. 가고 싶은 여행지를 골라서 오는 사람도 있지만 현장에서 문의하는 사람도 적지 않다. 그런 가족들을 위해 내가 추천하는 곳이 있다. 바로 베트남 다낭이다. 나 또한 가족들과 함께 다낭에서 휴가를 즐기곤 했다.

나는 아이들에게 종종 "인생에서 딱 5일만 남았다면 그 5일 동안 여행을 해야 한다."고 말한다. 여행이 남겨주는 사진과 추억도 있지만, 현지에서 느끼는 감동이 가장 크다. 그리고 다낭이 주는 감동은 생각보다 크다. 가족 모두가 즐길 거리가 있고 또 다낭 특유의 이국적인 아름다움을 만끽하다 보면 가족 간의 우애도 돈독해진다. 개인적으로도 다낭을 좋아한다. 그곳에 가면 늘 설렌다.

다낭은 한국인이 사랑하는 동남아 관광지다. 한국관광공사가 발표한 2017년 '한국인이 가장 많이 방문한 동남아 국가'가 베트남이고 그중에서 다낭은 최근 급부상하고 있는 관광도시다. 베트남이 인기가 있는 이유는 짧은 여행일정과 적은 비용으로 여행할 수 있으며 특히 테러를 비롯한 사건, 사고가 없어서 안전한 여행이 가능하기 때문이다.

이미 같은 해 한국 사단법인 배연합회 조합장들과 베트남의 대형마트인 빈마트의 부사장님 간의 특별한 만남을 주선하는 등 몇 번이나 방문한 곳이다. 당시 여행은 좀 특별했는데, 하나로마트 배연합회와 함께 '베트남 한국산배 수

출판촉전 및 시장조사'를 주제로 다낭, 호이안, 후에를 돌아 다녔다. 관광 인솔이 아니라 사업방문 인솔이었던 것이다.

사업 일정에 맞추다 보니, 평상시에는 피하던 우기에 방문할 수밖에 없어 아쉬움이 많이 남았다. 다낭의 아름다운 햇살을 보지 못하는 것은 불운이기 때문이다. 그래서 10월 추석 연휴 인솔자로 다낭지역을 선택했다. 유럽도 있었고, 일본, 중국도 있었지만 다낭을 골랐다. 다낭에는 볼거리가 많지만 그중에서도 꼭 필수인 것을 고르자면 첫 번째가 다낭의 '바나힐'이다. 지구상 가장 뛰어난 건축물 중 하나로 평가되고 있는 이곳은 세계 최장 길이의 케이블카를 비롯해 기네스북에 4가지나 등재된 다낭여행의 필수코스다.

식민지 시절 프랑스 양식으로 지어진 건축물이기 때문에 동남아에서 유럽을 느낄 수 있는 곳이기도 하다. 정상까지 올라가는 케이블카는 세계 최장 길이인 5㎞의 길이로 25분이나 타고 올라가야 하는데, 아이들이 무척이나 좋아한다. 또 정상에는 유럽 양식의 건축물을 배경으로 한 테마파크가 조성되어 있어 다양한 어트랙션도 즐길 수 있어 흡사 천국 같은 느낌을 준다.

무엇보다 스릴 넘치는 범퍼카와 5D 게임은 바나힐 테마파크에서만 즐길 수 있는 어트랙션이기 때문에 아이들을 위해서라도 꼭 들러야 하는 곳이다. 래프팅도 빼놓을 수 없는 즐길 거리다. 물의 나라 동남아 여행에서는 당연히 경험하는 것으로 다낭 래프팅은 다른 곳과 차원이 다르다.

부부가 함께 즐길 거리로는 다낭 노아 스파를 권한다. 원래 세부에서 출발한 이 스파는 관광객들에게 큰 인기를 얻어 다낭에 지점을 냈다. 스파의 퀄리티와 최고급 마사지 서비스를 제공하는데, 개인적으로 주변 사람에게 권유하는 여행 상품이기도 하다. 한 가지 100% 예약제기 때문에, 알지 못하면 즐길 수도 없다. 가족들의 즐거운 표정, 아이들의 웃는 모습, 부부간의 애틋함을 옆에서 지켜보노라면 내 마음 한켠이 아릴 때가 있다.

내 아이들과 남편의 손을 잡고 같이 저들과 섞여 환호하고 웃고 즐기고 싶은 마음이 왜 없겠는가. 명절에 가족들과 함께 모여 음식을 나눠 먹고 푹 쉬고 싶은 마음 역시 같이 자리한다. 엄마란 그렇다. 어디에 있어도 마음은 가족에게 가 있다. 가족의 밥상에 있고, 어질러진 거실에 있으며, 아이들의 방에도 따라가 있다.

가족이란 힘이 없다면 지금의 나도 없다. 좋은 것을 봐도, 맛있는 것을 먹어도 가족은 늘 나의 마음에 자리한다. 그래서 다낭에 함께 왔고 추억을 쌓아두고 왔다.

무안 전세기로
보라카이 가다 [1]

　광주, 전남, 전북에 거주하는 사람들은 동남아를 좀 더
쉽게 갈 수 있다. 무안국제공항이 있기 때문이다. 물론 국제
공항이라는 명칭이 아쉽게도 많은 비행기가 오가지는 않지
만, 그래도 한 가지 좋은 점이 있다면 무안 출발 전세기를
선호한다는 것이다.

　"무안 출발 전세기, 드론 동영상 촬영합시다."

　그 말에 바로 꽂힌 나는 "그래, 바로 진행합시다!"라고 냉
큼 받아들였다. 몇몇 직원들이 당황해 만류가 있었다는 것
은 비밀이다. 무안공항 전세기에 집중하자고 마음먹으니 여
행지를 결정하는 것으로 자연스럽게 이야기가 흘러갔다.
가까운 중국이나 일본으로 가자는 의견이 많았다.

우리는 무안국제공항의 동남아 전세기 상품에 집중해보자며 보라카이로 출발하게 됐다. 9월 초의 보라카이는 매력적이고 낭만이 가득하다. 그것을 못 본다는 것은 정말 아쉬운 일이다. '인생에서 아쉬움을 남기지 말자.'가 좌우명인 나로서는 그런 우를 범할 리 없다. 기획팀에서 여행 기획을 하고 영업팀에서 홍보를 하기 시작했다. 이번 여행은 특별히 외부 영상팀도 같이 가기로 했다. SNS 홍보를 위해서였다. 생각보다 같이 떠날 고객들은 빨리 모였다. 드디어 후덥지근한 9월의 어느 날, 한국의 무안국제공항에 모두 집결했다.

무안국제공항은 사람이 많지 않기 때문에 절차가 굉장히 빠르다. 나는 잔뜩 기대에 부푼 얼굴의 고객들과 함께 기분 좋은 얼굴로 비행기에 올랐다. 굉음과 함께 비행기가 하늘로 오르자 설렘도 더욱 커져만 갔다. 도착했을 땐 밤 11시경이었다. 긴 비행이었지만 고객들은 여행에 가득 찬 기대와 즐거움으로 지친 기색이 보이지 않았다. 필리핀은 동남아 열대기후라 습기가 많고 밤인데도 더운 느낌이 확 풍겨왔다.

타국에 왔을 때 느껴지는 낯선 냄새와 피부로 전해지는 습기는 우리가 필리핀에 도착했음을 절실히 느끼게 했다. 비행기에서 내리자마자 공항 입구 한쪽에서 간단한 미팅을

했다. 당일 일정을 다시 한번 상기시켜주고, 혹여나 문제가 생기면 당황하지 말고 불러달라는 말까지, 덥지만 차근차근 설명했다. 시간은 밤 11시였는데 공항 안은 낮 11시 같은 광경이었다. 그만큼 밤에 도착한 비행기가 많다는 것이다. 세상에서 가장 작은 공항을 볼 수 있다.

공항 검색대를 빠져나와 밖으로 나오면 바로 데이터 유심칩을 구매할 수 있는 곳이 있는데, 곧바로 구매해 고객들에게 배포했다. 공항을 나오니 미리 섭외한 대형버스가 대기 중이었다. 현지 가이드와 짐을 옮겨주는 필리핀 현지인의 도움을 받아 편안하게 버스에 탑승했다. 즉시 필리핀 생수를 구입해 고객들에게 나눠주고 깔리보공항에서 1시간 30분 정도 버스로 이동했다.

버스가 도착한 곳은 보라카이로 가는 선착장. 밤늦은 시간이라 그런지 오히려 사람들이 몰리지 않아서 조용했다. 우리는 곧장 보라카이 섬으로 출발했다. 밤인데도 바닷물이 맑아서 바닥까지 보였다. 역시 필리핀이라고 생각했다. 멀리서 보이는 선착장 야경도 너무 아름다웠다. 필리핀에서 보라카이로 올 때는 필리핀 전통 배를 타고 오기도 하는데, 우리 일행은 늦은 시간이라 보트를 탔기에 야경을 느긋하게 감상하지는 못했다. 선착장에서 시내로 들어가다 보면 경찰과 경호원들을 심심치 않게 볼 수 있다. 경찰보다는 경호원들이 더 많이 보이는데, 각 가정이나 직장 등 공공시설에서도 사설 경호원들을 많이 고용하고 있기 때문이다. 선착장을 나오니 일행을 숙소까지 데려다 줄 보라카이 이동수단이 기다리고 있었다.

보라카이는 차량이나 오토바이를 개조해서 이동하는 수단인 트라이시클을 많이 이용한다. 보라카이 내에는 버스, 택시가 없다. 보라카이 섬이 그렇게 넓은 면적이 아닐 뿐더러, 큰 길이라고 해봤자 우리나라의 넓은 골목길 정도이기 때문이다. 작은 트럭을 개조해서 만든 트라이시클은 이곳에서는 그나마 고급 이동수단 중 하나다.

대부분 오토바이를 개조해서 4명 정도 타고 이동을 하는데 가격이 저렴하다. 정해진 금액이 있는 건 아니지만 기본은 60페소부터이고 보라카이 안에서는 100페소 안에서 흥정할 수 있다. 다만 세계 어디든지 바가지를 씌우는 기사들은 늘 존재하니 사전에 가격을 인지하고 가는 것이 유리하다. 그런데도 보라카이의 낭만은, 에어컨이 없고 편안한 좌석도 아니지만 구석구석을 바람과 함께 달리는 트라이시클에서부터 시작된다.

선착장에서 벙커를 타고 15분쯤 달렸을까. 이윽고 사전에 예약한 보라카이 라카멜라 신관 프리미엄 리조트가 나타났다. 이곳은 아늑한 분위기가 매력적인 리조트다. 수영장도 있고 불편함 없이 지낼 수 있는 데다 이동이 편리한 곳에 위치한다. 쓸데없이 비싸기만 한 곳보다 이런 곳이 훨씬 안정감을 준다. 리조트 옆에서는 라이브 음악 소리가 울려왔다. 보라카이 전통 건축방식으로 지은 집인데 라이브 술집 같은 곳이었다. 선곡은 귀에 익숙한 팝송이었다.

보라카이, 필리핀은 영어와 필리핀어를 사용하고 있는데 미국의 영향을 많이 받은 터라 미국 문화를 어렵지 않게 발견할 수 있다. 팝송을 듣고 있으려니 고객들과 일행은 맥주가 당긴 모양이었다. 보라카이의 산미구엘 맥주는 꽤 유명하지만 지금은 고객들의 방을 알려주는 것이 급선무다. 리조트의 와이파이는 무료지만, 보라카이에선 와이파이가 한국처럼 빠르지 않으니 데이터 로밍을 해가는 게 정신건강에 좋다.

여행객들이 잠시 앉아 쉬는 동안 방 번호와 이름, 인원수 체크, 식권, 여권 관리 등을 일사천리로 처리하고 체크인을 마쳤다. 여행지에선 하나부터 열까지 꼼꼼하게 체크해야 후에 문제가 생기지 않는다.

무안 전세기로
보라카이 가다 [2]

체크인이 끝나고 회원들에게 키를 나눠준 후 여권을 모두 회수해 보관했다. 그리고 주변 정보를 안내했다. 보라카이의 치안은 다른 외국에 비하면 괜찮은 편이지만, 아무래도 밤늦도록 거리를 돌아다니는 건 위험할 수 있다는 것도 공지했다. 이어 저녁을 못 먹고 온 일정이라 급히 현지에서 막 구입한 치킨이랑 맥주를 사서 제공했다. 맥주는 당연히 앞서 말한 산미구엘이다. 필리핀에 와서 산미구엘을 안 마신다는 것은 한국에 와서 소주를 마시지 않고 가는 것과 똑같다.

하나둘 회원들이 방으로 들어가는 것을 보고 나도 방으로 향했다. 리조트의 방 내부는 깔끔했다. 침대도 널찍하고 샤워실도 깨끗했다. 물은 복도 가운데에 정수기가 있어 원할 때 마실 수 있는 시스템이었다. 참고로 필리핀은 음식점을 가거나, 식당, 술집에서 물을 달라고 하면 대부분 수돗물을 준다. 여기가 스위스여서 알프스산맥의 청정수에 가까운 수돗물을 준다면 이해하겠지만, 그게 아니라면 수돗물은 일단 자제해야 한다. 흔히 물갈이한다고들 하는데, 여행지에서는 생각보다 그런 일이 비일비재하다. 그래서 나는 개인 돈을 들여서라도 고객들에게 수시로 생수를 구입해 제공한다. 아픈 것보단 돈 나가는 게 낫기 때문이다.

아울러 필리핀은 콘센트가 한국이랑 똑같은 220V다. 하지만 110V를 사용하는 곳이 간혹 있기에 여행 준비 시, 멀티 어댑터는 꼭 챙겨야 한다. 물론 우리 여행사에선 멀티 어댑터를 고객들 전원에게 제공한다. 이 정도 센스는 기본이다. 내일 일정을 점검하며 욕조에 라벤더 오일과 장미 오일 10방울씩 뿌려 반신욕을 즐기고 나니 비로소 하루 일과를 마친 듯하다.

현지 치킨은 약간 맛이 짜다. 아무래도 이곳이 열대기후지역이다 보니, 음식 간이 좀 세게 나온다. 더운 지역에 맞춰진 음식이다 보니 소금이 좀 들어가 줘야 부족한 나트륨 공급이 잘 되기 때문이다. 다음날, 리조트에서 아침 식사를 하고 일행과 같이 나왔다. 스쿠버다이빙을 하는 날이라 트라이시클을 타고 가다 그 인근에 내려서 조금 걸었다. 보라카이 골목길을 걷다 보니 얼마 가지 않아 드넓은 에메랄드빛 바다가 일행을 기다리고 있었다.

말 그대로 에메랄드빛 바다였다. 드넓게 펼쳐진 모래사장과 야자나무, 청명한 바다와 배들이 한가로이 떠 있는 풍광은 머리를 복잡하게 하는 모든 것을 송두리째 지우는 듯했다. 고객들은 환한 웃음과 함께 스쿠버다이빙 강습을 위해 모여들었다. 담당은 한국 강사였다. 어떻게 하는지에 대한 설명이 끝나고 각각 자입를 착용했다.

스쿠버다이빙을 하기 위해서는 배를 타고 조금 먼 바닷가로 나가야 한다. 제법 멀리 나갔는데도 바다의 바닥이 보일 정도로 물이 맑고 투명했다. 이 맑은 바닷속에서 스쿠버다이빙이라니, 나도 함께 뛰어들고 싶은 충동이 강하게 들었지만 참기로 했다. 그렇게 즐거운 시간을 보내는 고객들을 지켜보면서도 나의 생각은 점심 메뉴에 가 있었다.

단체 여행을 와서 가장 많은 불만이 제기되는 것이 바로 먹는 것이다. 저가 여행은 음식의 질이 확 떨어지는 경우가 많은데 해외까지 와서 이런 것을 먹어야 하느냐고 항의하는 관광객들이 생각보다 많다. 나 역시 해외에 와서 저가의 식사를 하게 되면 화가 날 것이다. 정확히는 가격이 문제가 아니라 정성이 문제다. 한국에 외국인을 데리고 와서 시장통 안에 있는 설렁탕집에서 식사하게 할 수는 없지 않은가. 설렁탕을 먹더라도 깨끗하고 친절한 곳에서 먹어야 한다. 물론 나는 설렁탕집으로 고객들을 데리고 가지는 않지만 말이다.

스쿠버다이빙을 끝낸 우리는 보라카이 할로위치란 망고 음식점으로 향했다. 여기는 현지에서 알려진 맛집이다. 망고 아이스크림부터 망고 주스 등 망고와 관련된 음식들이 인기가 많다. 이곳으로 오자 몇몇 고객들은 "와!"하고 탄성을 질렀다. 사전에 알아본 집인 모양이다. 아니나 다를까. 식사 시간에 탄성을 지른 한 고객이 "난 자유시간에 여기 올리려고 알아놨는데, 점심을 먹을 줄은 몰랐네요. 센스 아주 좋으시네요."라고 칭찬했다.

"뭘요. 맛있는 걸 제가 좋아해서 그래요."

나는 미소로 답했다. 사실이다. 난 먹는 것을 좋아한다. 당연히 떠나는 곳의 맛있는 집은 웬만해선 다 머릿속에 넣어 놓는다. 이 집은 망고 아이스크림으로 유명한 집이다. 망고 슬러시부터 다양한 망고 디저트를 즐길 수 있다. 고객은 그중에서도 제일 비싸고 가장 큰 패밀리사이즈의 망고 빙수랑 샌드위치를 주문했다. 오기 전부터 꼭 먹고 싶었던 조합이었다.

독특한 할로위치 샌드위치가 먼저 나왔다. 빵 같기도 하고 크로켓 같기도 한 이 샌드위치는 속이 고기랑 야채들로 꽉 채워져 있어 생각보다 씹는 맛이 좋았다. 그리고 주문했던 패밀리사이즈의 망고 빙수! 마치 세숫대야에 담아 내오는 것 같은 양이었다. 망고 외에도 수박, 파인애플이 가득했다. 남자 4명이 먹더라도 개인당 작은 그릇으로 7~8개는 족히 먹을 수 있는 양이었기에, 고객들은 정신없이 먹었다.

그런데 한 가지 비밀은, 이곳이 진짜 점심식사를 하는 장소가 아니라는 점이다. 지금은 간식 타임일 뿐, 점심은 골목길을 조금만 걸어가면 나오는 건물에 위치한 식당에서 할 예정이다. 일행들이 빙수를 다 먹은 후에 나는 "자, 그럼 밥 먹으러 가시게요."하고 일어났다. 일행들이 "예? 이게 밥 아니에요?"하고 묻자 나는 "아니, 해외에 와서 사진 찍는 것과 먹는 것, 이 두 개 빼면 뭐가 남아요? 또 맛있는 것 먹으러 갑시다."하고 재촉했다.

보라카이의 도심 골목, 골목을 지나 도착한 식당은 바로 한식 전문점. 꽃게, 조개 등 해물이 듬뿍 들어간 김치찌개와 후식으로 나온 망고까지 다 먹자 일행들의 얼굴은 노곤해진 분위기였다. 이런 분위기가 되리라는 것을 처음부터 알고 있었기에 다음 이동장소는 현지 마사지숍으로 이미 결정해놨다.

"마사지 받으러 가시죠."

하니까 일행들이 환호를 지른다. 어떤 사람이 "오후엔 어디 보러 안 가요?"하고 묻자 "배부르고 졸리면 뭘 봐도 느낌이 없어요. 마사지도 받고 좀 쉬다가 움직이시게요. 필리핀은 밤이 낮보다 더 재밌습니다."하고 답했다. 일행이 도착한 건물은 구조가 특이했다. 원래 보라카이 여행은 맛있는 음식을 먹고 마사지를 받으며 힐링을 즐기는 것이다.

접수를 하고 방 배정을 받는 동안 마사지 안내와 다음 일정을 전달했다. 마사지는 남자는 남자, 여자면 여자로 같은 성별의 마사지사를 전담시킨다. 1시간 30분가량, 마사지를 다 받고 나온 일행들의 얼굴은 붉어져 있었다. 트라이시클을 타고 다시 숙소로 이동했다. 마사지도 받았겠다, 낮잠 한숨 자면 피로가 '싸악'하고 사라지게 마련이다. 어차피 필리핀의 오후는 길다.

무안 전세기로
보라카이 가다 ³

리조트에 도착하니 수영장에 사람들이 많이 나와 있었
다. 나는 보라카이 편의점에 들려 생수랑 여러 필요한 잡
화를 구입했다. 팁을 하나 주자면 보라카이에서는 빅머니
(1,000페소 이상)를 바꿔주는 곳이 드물다. 가게에서도 난
색을 표하는 경우가 많다. 그러니 사전에 적은 돈들로 환전
해서 가는 게 좋다. 일행들이 낮잠을 즐기는 동안 나는 보
라카이 화이트비치 뒤 바닷가를 산책했다. 길거리에서는 온
통 잡화상들이 자리 잡고 온갖 신기한 장사를 하고 있었다.

이윽고 도착한 해변에는 햇볕과 야자수, 하얀 모래밭과
에메랄드빛 바다가 정말 잘 어우러져 있었다. 물 온도도 그
렇게 차갑지 않아 온종일 놀 수 있을 정도였다. 일행들의 달

콤한 낮잠이 끝나자 필리핀의 오후도 깊어갔다. 그러나 아직 해는 지지 않았다. 나는 일행들과 함께 보라카이의 명소 디몰로 향했다. 디몰은 옛날식 전통 건물들이 아직 고스란히 남아있는 곳이다. 과거 보라카이 원주민들이 이곳에서 지내던 시절, 덴마크인들이 여행을 오기 시작하면서 보라카이 섬이 유명세를 타기 시작했다. 그러자 거기에 고마움을 느낀 보라카이 원주민들이 덴마크인들을 기려 앞글자인 D를 따서 그들이 도착한 지역을 '디몰'이라고 지었다 한다. 디몰 안에는 다양한 식당가와 상점들이 많이 있으니 쇼핑을 즐기기에 아주 좋다.

오후의 햇살에 비치는 보라카이 디몰은 여유롭고, 평화로움 그 자체였다. 일행들은 보라카이 현지 쇼핑에 웃음꽃이 활짝 폈다. 나는 항상 그렇듯 그런 그들을 바라보며 여유와 낭만의 저녁에 무엇을 먹고 어떻게 할 것인지를 다시금 되짚었다. 여행은 당초 기획대로 하는 게 가장 좋지만 현지에서는 언제든 그 기획이 변경되기 마련이다. 그래서 노하우가 있는 여행사를 택하는 것이 좋다. 어떤 상황이 일어나더라도 곧바로 대처할 수 있기 때문이다.

오후 일정을 마치고 저녁에는 예약한 레스토랑으로 갔다. 엘리베이터를 타고 옥상으로 올라가니 야외 레스토랑이 있었다. 저녁 식사는 한식과 현지식이 믹스된 코스였다. 보라카이 하늘 한끝은 노을이 져 붉게 물들고 있었다.

"식사자리가 파티의 한 장면 같아요!"

고객 중 누군가가 말했다. 그때 우리 스텝들이 반찬을 꺼내 왔다. 나는 여행을 떠날 때 항상 한국 반찬을 준비한다. 같이 떠나는 고객들을 위해서다. 현지식은 처음에는 한두 번 호기심에 먹지만 결국 최종적으로 한식을 찾게 되는 경우가 많다. 그런데 반찬을 준비해가면 현지식도 맛있게 먹을 수 있다. 여행사 운영 초기 때 고객들이 개인적으로 반찬을 준비해오는 것을 보았다. 나는 고객들이 최소한의 짐만 가져오고 마음껏 즐기다 가는 방법이 없을까 고민하다가 반찬을 우리가 준비하기로 한 것이다.

내가 만든 낙지 젓갈 등의 반찬은 생각보다 반응이 좋아, 몇 번 나와 같이 여행을 떠난 사람들은 주문하기도 했다. "음식이 정말 맛있어요. 강 대표, 반찬가게 해도 되겠어요." 라고 말이다. 준비해온 반찬 중 가장 중요한 것은 한국 사람들에게 없으면 안 되는 김치였다. 직접 담근 묵은지로 저녁 식사와 잘 어울릴 것 같아 진공포장에 나눠 담았다. 또 다른 반찬은 고심 끝에 준비해간 김자반이다. 입맛을 돋우는 데는 김자반이 좋다. 다행히 보라카이 현지인들도 "이거 맛있는 거다."라면서 관심을 보이길래 나눠주었다. 함께 나눌 수록 기쁨은 더욱 커지니까 말이다.

레스토랑에서 첫 번째로 나온 요리는 돼지고기볶음과 계란이 들어간 음식이었다. 적당한 간장소스에 현지 맛도 살짝 가미된, 쫀득쫀득한 맛이 별미였다. 밥도 먹고 싶은 만큼 그릇에 담겨 나왔다. 두 번째로 나온 음식은 튀긴 면발과 소스가 곁들여진 요리였다. 스파게티면 튀긴 거랑 비슷한데, 면이 좀 더 굵은 것으로 튀긴 듯 바삭하고, 소스와 야채들과 잘 어울렸다.

세 번째는 생선가스인데 생선 비린내는 나지 않고 달콤매콤한 소스가 매력적이었다. 네 번째는 닭볶음 요리였다. 닭고기가 정말 부드러워 입에서 살살 녹는 듯했다. 일행들도 "닭이 이렇게까지 부드러울 수 있나?"하고 신기해했다. 식사자리가 즐겁고, 분위기도 여유로워지자 저마다 포근해지는 표정을 지었다. 여행업자로서는 이럴 때가 제일 뿌듯하다.

하지만 아직 끝이 아니다. 배불리 밥을 먹었겠다, 힘도 생겼으니 공연을 즐기러 가야 한다. 낮에 식사하러 가는 길에 들렀던 어메이징쇼 공연장으로 일행들을 안내했다. 다양한 공연 중에서도 한국공연을 따로 만들었는데, 아름다운 현지 배우들이 한국공연을 한다니 궁금하기도 하고, 신기하기도 했다. 이래서 외국은 몇 번을 와도 모르는 것투성인 듯하다. 고객들을 위해 공연을 관람하며 마실 수 있도록 필리핀산 오리지널 산미구엘을 준비했다.

공연은 신나고 화려했다. 고객들은 즐겁게 박수를 치며 호응했다. 벌써 서로가 친해졌는지 호칭들도 정해졌다. 여행이란 그런 것이다. 연애와도 같아서 처음에는 어색하지만 결국은 마음을 열게 되기 마련이다. 이번에 참석한 고객들은 나이가 지긋한 분들이 많았다. 그만큼 인생에 대한 연륜이 엿보였다. 급하지도 않고 또 무작정 요구하지도 않았다. 여행사 직원들은 고객들의 아주 개인적인 일까지 처리해주는 사람이 아니다. 가끔은 그런 것을 요구하는 분들도 있는데, 그런 건 오히려 여행을 망치게 한다.

여행은 같이 왔더라도 때로는 자신만의 시간을 갖기도 하고 낯선 타인들의 친절 속에서 자신의 밝은 면을 찾아내는 것이기도 하다. 공연이 끝나고 열기가 가라앉지 않은 고객들은 보라카이의 한 유명한 펍으로 발걸음을 향했다. 물론 나도 동참했다. 내일의 스케줄을 위해 무조건 일행들을 숙소에 데려다주는 여행사가 상당수인데, 여행은 즐기는 것이지 의무가 아니다. 상황에 맞춰 바로바로 움직여야 한다.

강요와 압박이 지속되면 아무리 천국 같은 곳도 눈에 차지 않고 짜증만 날 뿐이다.

술이 들어가니 신이 난 고객들은 내친김에 보라카이 유명 클럽까지 돌진했다. 3일째 되던 날은 환상적인 파라세일링이 준비됐다. 아침 식사 후 파라세일링을 즐기기 위해 큰 배로 이동했다. 표를 구입하고 팀을 짜서 보트로 이동하게 되는데 보라카이의 환상적인 바닷가 한가운데까지 움직여야 한다. 저 멀리서 파라세일링을 즐기는 낙하산을 발견하자 일행들이 환호를 질렀다.

보라카이의 드넓은 창공을, 낙하산을 타고 나는 기분은 말로 표현할 수 없을 정도다. 바람이 적당히 불어 좋고, 날씨가 맑아서 더욱 좋았다. 일행들이 차례차례 하늘로 올라가고 나도 낙하산을 등에 지고 물감을 뿌려 놓은 듯한 푸른 하늘 속으로 빨려들 듯 올라갔다. 보라카이의 바람이 얼굴을 어루만지고 지나갔다. 줄 하나만으로 상공 약 100m 정도로 올라가는데 위에서 보는 바다는 정말 말로 표현할 수 없는 장관이었다.

모두 상기된 표정으로 다시 육지로 돌아왔다. 바다를 보며 식사를 할 수 있는 현지 유명한 뷔페에서 점심을 먹었다. 특히나 여기서는 여행사에서 추가로 주문한 요리가 있었다.

이번 여행에 동참해준 고객들에게 감사하는 마음으로, 여행사 비용으로 모든 사람에게 특별 요리를 제공한 것이다. 꼬지로 나온 생선 요리인데 정말 부드러웠다. 처음엔 생선인 줄 모를 정도였다. 다들 맛있다며 좋아하는 표정들이었다.

그 얼굴에선 여행의 피로를 찾기 힘들었다. 사실 그것은 내 철학이기도 했다. 나는 빡빡한 여행 스케줄로 고객들이 피곤함을 느끼게 하는 여행을 최악이라고 생각한다. 그래서 이번 보라카이 여행도 적절한 여행코스와 휴양으로 구성했다. 그래서인지 다들 지치기는커녕, 시간이 갈수록 즐거워하며 얼굴이 생생해졌다.

다음 코스는 호핑투어였다. 최소한의 장비로 바다를 둘러보는 호핑투어는 보라카이만의 정취를 흠뻑 느낄 수 있는 여행 상품이다. 주인공은 환상 그 자체인 보라카이의 바다지만 호핑투어를 하기 위해 가는 도중 얼굴을 내미는 섬들의 모습도 무척이나 매력적이었다. 저 멀리서 푸카 비치가 모습을 보였다. 저곳에는 매우 유명한 호텔이 하나 있는데 영화배우인 브래드 피트를 비롯해 세계 각국의 유명 인사들이 찾는 곳이다. 마치 해변과 호텔이 하나인 듯한 느낌이랄까.

배는 푸카 비치에 정박했다. 보라카이의 푸카 비치는 아직 원주민들이 살고 있다. 고객들은 쉬는 시간을 활용해 각종 광고와 모델화보 촬영으로 많이 찾는 보라카이 푸카비치에서 사진을 찍기 시작했다. 이윽고 호핑투어가 시작됐다. 모두 조끼와 물안경을 쓰고 바닷속 물고기들은 물론 산호초를 보며 감탄을 금치 못했다.

이번 보라카이 여행에서는 여행사 자체적으로 찍은 사진이 1,500장이다. 이렇게 많이 찍은 이유는 고객들에게 사진 앨범을 만들어 나눠드려야 하기 때문이다. 평생의 기억인데, 앨범 하나쯤 선물하는 것이 대수겠는가. 일행들은 밤에도 전날 찾아갔던 클럽에서 열정적으로 놀기 시작했다. 그렇게 마지막 밤을 보내고 다음 날 우리는 한국으로 돌아가는 비행기에 몸을 실었다. 무안으로 돌아가는 것이기 때문에 인천처럼 도착해서 몇 시간씩 버스에 시달리지 않아도 된다. 한국에 도착해 헤어질 때는 모두 아쉬운 얼굴이었다.

그거면 됐다. 사실 이번 기획 여행은 그리 비싼 가격이 아니었다. 이 정도 가격에서 이윤을 내려면 어떤 여행사들은 현지 옵션 상품을 강제로 소개한다거나, 먹는 것의 품질을 낮추거나 몇 개의 프로그램을 빼버리는 짓을 저지르기도 한다. 그것은 여행 자체를 죽이는 행위다. 내가 여행사를 시작한 이유도 바로 거기에 있다.

내가 사랑하는 여행을 망치는 것을 두고 볼 수만은 없는 것 아닌가. 조금 손해 보면 된다. 그리고 그것은 궁극적으로 손해가 될 수 없다. 속이려고 하지 않으면 친절로 되돌아온다. 보라카이를 찾았던 일행 중 상당수가 다음 여행을 선택하기 위해 나를 다시 찾아오는 것처럼 말이다.

스페인,
오감으로 다가오는
정열의 나라

　스페인 여행을 할 때는 내 안에 클래식함이 있다는 것에 놀라게 된다. 평생 클래식과 거리가 있다고 생각했어도 막상 이 정열과 예술의 나라에 오면 뭔가가 마음에서 싹트게 된다. 예를 들어 스페인 프라도 미술관에 가서 그림을 감상하게 된다면, 그림이 나에게 뭘 말하고 있는지, 어떤 감정을 전달하는지, 작가는 어떤 생각을 하는지, 지금 그 그림으로 어떤 감정을 나타내는지 말을 걸어오는 분위기다.

　예술적 감성이 조금이라도 있는 사람이라면 온종일 미술관에서 놀라고 해도 놀 수 있을 듯하다. 스페인은 바로 그런 나라다. 오감으로 느낄 수 있는 나라. 이번 여행은 스페인에 관해 이야기를 해볼까 한다. 스페인 여행을 패키지로 구성할 경우, 빼놓을 수 없는 것이 프라도 미술박물관이다. 여기를 소개하면 여행에 참가한 고객들은 탄성부터 지른다. 건물 자체는 굉장히 심플하면서도 클래식함이 묻어있다.

미술관에서는 큐레이터가 대기 중이다. 가이드가 안내를 하기도 한다. 하지만 본인 스스로가 느끼는 감정이 더 중요하다. 내가 느끼는 감정이 여행을 하는 가장 큰 이유기 때문이다. 이뿐만이 아니다. 스페인 곳곳에서 볼 수 있는 멋스러운 고딕 건축물과 드넓은 잔디밭은 '이것이 유럽이구나!'하고 저절로 감탄하게 한다. 유명한 건물이 아니더라도 스페인의 일반적인 동네 골목들, 건물 하나하나가 동양인인 우리들의 눈에는 이국적이면서 아름답게 다가온다.

건축물에 관심이 없었지만 스페인만 오면 가우디의 멋진 건물들을 보러 가고 싶은 충동을 느끼게 된다. 스페인의 성당들 또한 하나같이 옛날 고딕 양식의 아름다운 모습을 그대로 간직하고 있는데, 고요함과 엄숙함이 주는 풍경에 저절로 숙연해진다. 광장 역시 영화에서 보는 듯한 느낌이 물씬 풍긴다. 그렇다 하더라도 여행을 왔으면 그 나라를 진하게 느낄 수 있는 장소를 찾는 것이 필수다.

스페인의 경우엔 세비야다. 스페인은 유럽 중 물가가 가장 저렴하다. 그래서 보고, 즐기고, 느끼고, 마음 비우기를 통해 힐링을 할 수 있는 나라이기도 하다. 그런 스페인에서도 중심에 있는 세비야에서는 그 유명한 플라밍고를 볼 수 있다. 집시들의 열정적인 춤 선율과 정열적인 옷차림, 음악, 기타나 다른 악기가 아닌 손가락으로 소리를 내는 피토스에 반응하는 몸짓! 인상적이고 정열적인 그 모습을 보면 단박에 스페인에 빠져들게 된다.

세비야 광장은 스페인의 정열을 느낄 수 있는 대표적인 장소다. 둥근 형태의 고딕 양식 건물이 시선을 사로잡는데 세비야에서도 가장 인기있는 곳으로 손꼽힌다. 이곳은 1929년에 열린 에스파냐·아메리카 박람회장으로 건축가 아니발 곤살레스가 만들었다. 세비야주 중앙부에 위치한 주도 세비야의 중심지에 자리 잡고 있다. 반달 모양의 광장을 둘러싼 건물 양쪽에 탑이 있고, 건물 앞에는 강이 흐르고 있다. 광장 쪽 건물 벽면에는 에스파냐 각지의 역사적 사건들이 타일 모자이크로 묘사되어 있다.

이 지역에는 중세시대 유대인이 건설한 시벽의 일부가 약간 훼손된 상태로 보존되어 있는데 세비야만의 향토색 짙은 각종 기념품을 판매하는 상점, 화려한 꽃으로 단장한 아름다운 정원, 옛 모습 그대로 운행하는 고풍스러운 마차 등도 빼놓을 수 없는 볼거리이다. 현재 이 지역은 많은 관광객들이 방문하는 세비야의 대표적인 관광 중심지 중 하나이며 조지 루카스의 영화 '스타워즈 에피소드 2 클론의 습격'의 배경이 되기도 했다.

일행들과 방문한 날 광장 한편에서는 산포냐 연주가 흘러나왔다. 너무 감미롭게 들려와 모두가 발걸음을 멈추고 잠시 쳐다볼 정도였다. 도심 한복판을 가로지르는 트램마저도 고풍스러워 보였다. 그 옆으로 영화에서나 나올 법한 마차, 정통 유럽이 제대로 느껴졌다. 일행은 다시 세비야 대성당으로 발걸음을 향했다. 고딕 양식으로 오래전에 지어진 성당인데, 입구부터 규모가 어마어마하다. 대성당 안에는 거울이 하나 있는데 천장 조각을 볼 수 있도록 설치되었다.

하나하나 세심하게 건축된 모습이 말로는 표현하지 못할 아름다움 그 자체다. 이곳은 모험가 콜럼버스의 사체가 안치되어 있어 더욱 유명하다고 한다. 식사를 하기 위해 스페인 시내에 위치한 한식당을 찾았다. 식당의 사장이 그제 밤에 연예인 송중기, 송혜교 씨가 다녀갔다고 자랑스럽게 말했다. 둘러보니 그들 외에도 유명한 사람들이 많이 다녀간 식당이었다. 사장이 전라도 광주 사람이라 그런지 음식 맛이 입에 딱 맞았다.

세비야 광장까지 봤으니 다음은 포르투갈로 향한다. 스

페인에서 포르투갈로 가기 전, 자리한 파티마라는 곳을 방문해보자. 보통 이곳은 여행 오는 사람들이 쉽게 지나쳐가는 곳인데, 성모마리아의 발현과 그 현장을 느끼고 또 직접 둘러 볼 수 있어서 종교를 믿는 사람들에겐 엄청난 일로 다가올 것이다.

종교를 떠나서 사찰을 간다고 하더라도 사찰이 주는 매력과 분위기, 힐링을 하러 가는 분들을 종종 보는 경우가 있다. 그런 의미에서 파티마의 성모마리아 발현 성당 역시 그 특유의 장엄함과 의미로 인해 더욱 뜻깊은 곳이다. 평생에 한 번 올 수 있을까 말까 하는 곳이니 꼭 한번 가보라고 권하고 싶다. 이곳을 둘러 본 뒤 일행은 스페인에서 하룻밤을 더 보내고 포르투갈의 땅끝마을인 까보다로까로 출발했다. 영국의 시인 바이런이 '위대한 에덴'이라고 표현한 곳이다. 우리 전라도 해남 땅끝마을과 같은 곳이다.

떨어질 듯 깎여진 절벽의 뛰어난 전경은 정말로 멋진, 지구의 마지막 장소 같은 느낌이었다. 그 앞에서 드넓은 바다를 보고 있자니, 정말 에덴이 있다면 이런 기분일까 하는 생각이 절로 들었다. 특히나 도착한 시간이 아침이어서 그런지 밝아오는 아침햇살과 고요함이 더할 나위 없이 마음에 깊게 남았다.

포르투갈의 수도 리스본으로 이동한 뒤 벨렝이란 마을의 벨렝 탑을 거쳐 한 카페에 들렀다. 제로니모스 수도원 앞에 위치한 이 카페는 에그타르트의 원조라고 불리는 카페다. 이런 곳을 그냥 지나치는 것은 여행에 대한 모독이다. 한번 맛을 보니 이보다 맛있는 에그타르트는 없을 것 같다는 생각이 들 정도였다. 김이 모락모락나는 것을 호호 불어 입안에 넣으면 눈처럼 사르르 녹았다. 이번 여행이 관광이었다면 좀 더 머물러 있고 싶을 정도였지만 스페인, 포르투갈 여행은 지역 지자체의 지도자과정 해외연수여서 공부하는 분위기가 강했다.

다음으로 이동한 곳은 이슬람교도의 마지막 거점, 그라나다. 흰색 건물이 가득한 낮은 산자락 아래에 자리했는데, 나무들도 예쁘게 조화를 이룬 마을이었다. 이곳엔 너무나도 유명한 알람브라 궁전이 있다. 그라나다의 대표적인 랜드마크이자 노래, 각종 매체에도 자주 등장하는 아름다운 궁전이다. 기독교와 이슬람교도의 건축양식이 잘 어우러진 곳이다.

우리 고객이 도착했을 때 마침 궁전 내부에서 웨딩촬영 중인 커플들이 있었다. 궁전에서 찍는 웨딩촬영이라니. 너무 낭만적이어서 비현실적으로 보였다. 궁전은 정말 세심한 곳까지 세공이 되어 있는 데다 반짝이는 대리석 바닥이 높은 관리수준을 말해주는 듯했다. 궁전 밖에는 상인들이 알람브라에서 그린 그림을 판매하고 있었는데, 마치 사진 같은 그림들이어서 하나쯤 기념으로 구입해도 될 것 같았다. 덧붙여 알람브라 궁전은 모두 다 유네스코에 등재된 세계적인 문화유산이다.

이번 여행은 선진지 견학의 여행이어서 그런지 고객들 모두 진지하고 또 깊이가 있었다. 작은 것도 놓치지 않고 배우려 했으며 열정적으로 물어보기도 했다. 이런 고객들을 상대하는 나 또한 공부를 굉장히 많이 해야 함은 물론이고 현지 가이드 섭외도 매우 중요하다. 스페인과 포르투갈의 역사를 설명하고 무엇을 봐야 하며 어떤 것을 느껴야 하는지 설명해주지 않는다면, 얻어가는 것은 제한될 수밖에 없기 때문이다.

여행은 때로는 배움이다. 배운다는 것은 누군가는 그것을 가르쳐야 한다. 나와 가이드는 가르쳐주는 사람이 아니다. 다만 배우고자 하는 사람들이 스스로 가르침을 받을 수 있도록 장소를 고르고 인솔하는 것이 내 몫이다. 스페인 여행은 그런 나의 몫을 충실히 할 수 있도록 다독여준 곳이기도 하다. 물론 다음엔 꼭 관광으로 오고 싶다. 가능하다면 말이다.

과거의 장대한 역사와 조우, 성지순례 [1]

성지순례로 유명한 이스라엘은 한국에서 쉽사리 가보기 힘든 곳이다. 그래서 구상했다. 왜 못가? 가면 되지. "아니 광주에서 웬 성지순례예요? 참으세요, 사장님. 거기가 어딘데요!" 직원들의 당연한 만류를 뿌리치고 "자, 한번 기획해 봅시다. 성지순례라기보다는 이스라엘을 직접 보고 돌아온다는 느낌으로 다녀오게요. 어떻게 하면 사람들이 참가할까?"라고 해서 시작된 여행이다.

알고 지내던 목사님들에게 성지순례 이야기를 꺼냈더니 호응이 바로 왔다. 독실한 종교인들의 참여도 있었다. 그러나 그중에는 정말 가고 싶지만 돈 때문에 망설이는 분들도 있었다. 그분에게 "돈을 생각하면 여행은 떠날 수 없어요!

비행기 값만 내시면 나머지는 제가 다 할게요. 단 우리끼리 비밀입니다.”라며 손을 덥석 잡았다. 그렇게 해서 시작된 나의 성지순례였다.

한국에서 이스라엘까지는 12시간이 넘게 소요된다. 젊은 사람들도 6시간 이상 비행기를 타면 패닉이 오는 경우가 있는데 이번 여행엔 나이 든 사람들도 상당수여서 걱정이 됐다. 더군다나 성지순례가 이번이 처음인 나로서는 현지에서 만나게 될 온갖 변수가 슬슬 걱정되기 시작했다. 그러나 그것도 잠시 잠깐이고, 원래 태평한 나는 성서에 나오는 곳을 직접 눈으로 볼 수 있다는 생각에 몽실몽실 들뜨기 시작했다.

‘약속의 땅, 축복과 기적의 자리, 작지만 큰 나라’라고 불리는 이스라엘 여행. 12시간 넘게 하늘을 날아서 이스라엘로 접어들자 비행기 창문으로 드넓은 광야가 보이기 시작했다. 우리가 도착한 곳은 벤구리온 공항이었다. 무척 세련된 풍경의 공항이었는데, 북적이는 인파로 가득했다.

텔 아이브 도시에 위치한 이스라엘 벤구리온 국제공항은 수도 예루살렘에서 1시간 거리로, 이스라엘 초대 수상인 벤구리온의 이름을 땄다. 이스라엘을 오가는 사람들이 모두 거치는 유일의 공간이라 규모도 컸다. 나는 일행들과 함께 수화물을 찾고, 현지에서 함께할 가이드를 만나 이야기를 나눴다. 또 환전도 해야 했다. 이스라엘 화폐단위는 셰켈(SHEKEL)로, 한국에서 미리 바꿔둔 달러를 셰켈로 바꾸는데 생각보다 이스라엘 물가가 비싼 편이기에 미리 예산을 정해놓고 한 번에 바꾸는 것이 좋다.

이제 준비는 끝났다. 천천히 벤구리온 공항을 나온 일행은 우리가 가야 할 곳을 향해 미리 대절해 놓은 버스로 올라탔다. 처음으로 떠나보는 낯선 여행길의 설렘이 오랜만에 나를 찾았다. 많은 종교인이 인생에 한 번쯤은 예수 그리스도가 태어나 자란 곳, 가르침의 자리, 십자가를 진 길, 부활의 장소 등 예수 그리스도 생애와 사역의 발자취를 느낄 수 있는 현장을 찾는 것을 소망한다. 그래서 이스라엘의 나사렛, 베들레헴, 예루살렘에는 매년 전 세계의 수많은 순례객이 찾아온다. 그러나 어느새 이들 사랑과 헌신의 도시는 기독교, 유대교, 이슬람교가 갈등 속에 불편하게 공존하는 종교전쟁터가 되어 버렸다.

우리가 처음에 찾은 곳은 비아 돌로로사다. 예수님 공생애 당시의 예루살렘 돌길이 2m 정도 구간으로 남아 있는 곳이다. 예수님이 십자가를 지고 이 길을 밟으셨을 수도 있다는 가이드의 설명을 듣자 왠지 눈길이 한 번 더 간다. 모두가 내려서 슬픔의 길이자, 고난의 길을 걷기 시작했다. 빌라도 법정에서 골고다 언덕에 이르는 예수 그리스도 십자가 수난의 길을 따라 걷다 보면 저절로 성경구절이 떠오른다. 일행 중 몇몇은 벌써부터 기도문을 외우기 시작했다.

지점으로 향하는 길에 익숙하게 들어온 동방박사들이 예수께 바친 유향과 몰약, 그리고 향유인 나드를 판매하는 가게를 발견했다. 꼭 지나가야 한다는 14지점은 빌라도 법정을 1지점으로 시작해 로마 군인들이 가시관을 씌운 곳, 십자가를 지고 가다 쓰러진 곳, 십자가에 못 박힌 곳, 무덤에 장사지낸 곳 등 총 14곳의 현장을 말했다. 십자가를 진 지점이 나오면 울고 있는 순례객들을 볼 수 있었다. 우리 일행 중에서도 몇은 눈물을 보였다.

비아 돌로로사의 한 가지 특이점은 일부 구간에 예수 그리스도 공생애 당시의 예루살렘 길이 2m 정도 그대로 남아있다는 것이다. 예수께서 십자가를 지고 이 돌바닥을 실제로 지났을 거라는 생각을 하면 숙연해질 수밖에 없다. 일행들을 더욱 경건하게 만드는 또 하나의 장소는 예수 그리스도가 탄생한 곳에 세워진 예수님 탄생 교회다. 교회로 들어가는 입구부터 순례객들에 메시지를 던져준다. 입구 상하 길이가 1.2m로 짧다. 들어가려면 허리를 굽혀야 하기에 겸

손하게 낮아지라는 의미로 다가왔다. 한번 들어가 보려 했지만 기다리는 사람들이 너무 많아 다음 일정을 위해 어쩔 수 없이 발길을 돌려야 했다. 현지 가이드에게 한국으로 가기 전 이곳을 들릴 기회를 만들어달라고 부탁했다.

다음 장소는 마리아에게 수태를 고지한 곳에 세워진 수태고지 교회다. 약 1500년 전 세워진 것으로 알려졌는데 비잔틴 시대와 십자군 시대를 거치며 파괴와 복원을 반복하다 현재는 5번째 건축물이다. 교회 지붕은 백합 모양이다. 교회 정면 윗부분에는 마리아와 가브리엘 천사의 모습, 중간 부분에는 4복음서의 상징, 출입문에는 예수 그리스도의 일생을 부조로 묘사해 놓았다.

눈물 교회도 방문했다. 예수 그리스도가 타락한 예루살렘을 바라보며 붕괴를 예언하고 슬픔의 눈물을 흘린 곳, 이곳에 세워진 눈물 교회의 외관은 눈물방울 모양을 하고 있다. 지붕의 네 귀퉁이에는 눈물과 슬픔을 상징하는 형상물이 있다. 안으로 들어가 보니 정면 제단 뒤의 십자가와 눈물을 상징하는 유리창틀 바깥으로 예루살렘 전체가 한눈에 들어온다.

또 다른 방문 교회는 겟세마네 교회다. 예수 그리스도가 만찬 후 이곳에서 마치 땀이 핏방울처럼 되도록 기도했다.

여러 나라가 건축에 참여한 '만국 교회'라고 한다. 여기까지만 돌아봤는데 이미 날이 저물었다. 긴 비행시간 때문에 피곤함도 더해 일단 숙소로 향했다. 아늑하고 평화로운 분위기의 숙소에 들어서자 피곤이 몰려왔다.

저녁은 숙소 인근의 식당에서 해결했다. 첫날이라 현지식으로 준비했다. 일행들은 곳곳에서 성경 말씀에 대한 토론을 벌이는 분위기였다. 나도 왠지 숙연해져 식사를 하면서 내 생을 되돌아봤다. 보통은 다음 일정을 고민하는 것이 대부분이지만 성지순례라는 무게감이 생각보다 크게 다가왔다.

사실, 종교인들이라면 이곳이 주는 상징적 의미가 무엇인지 잘 알 것이다. 여기에 같이 온 나의 일행들도 그렇다. 무언가를 깨닫고자 온 것이 아니다. 그저 평생 같이한 믿음의 현장을 눈으로 본다는 것만으로도 이미 가슴 뭉클한 감동이다. 그렇게 이스라엘의 첫날은 저물어갔다.

과거의 장대한 역사와 조우,
성지순례 [2]

이틀째 일정은 돌아볼 곳이 많았다. 다소 이른 아침부터
일행들은 차를 타고 이동했다. 한참을 달려 도착한 곳은 갈
릴리 호수. 베드로가 그물을 던지다 부르심을 받았던 곳이
다. 갈릴리 호수는 정부에서 엄격하게 수질을 관리한다고
한다. 그래서 어부들에 대한 자격심사가 엄격하다. 현재 갈
릴리 호수의 어부는 350명 정도다.

예수님의 제자 중 대부분이 갈릴리에서 어부였던 것을
보면 알 수 있듯이 이곳은 예전부터 깨끗한 물이 유입되어
물고기가 풍부한 곳인 듯했다. 아침 식사로 오병이어(五餠
二魚)의 기적에 등장하는 '베드로 고기'를 먹었다. 종교가
관광 상품화되어 있어 그다지 끌리지는 않았다. 사실 별 맛

이 없었다. 식당 내 많은 사람이 자신의 몫을 대부분 남기는 것을 보면 그냥 그저 그런 관광상품이라는 것이 확연히 느껴졌다. 그런데도 다만 2000년 전에 보리떡 5개(五餠)와 물고기 2마리(二魚)로 5,000명이 먹었다는 기적이 떠올라 남길 수는 없었다.

성지순례이기는 하지만 갈릴리 호수까지 와서 잠깐만 보고 갈 수는 없는 일이다. 갈릴리는 이스라엘 최대 호수 이름이다. 동시에 시리아·레바논·요르단과 국경을 맞댄 이스라엘 북부 지역을 일컫는 말이기도 하다. 이스라엘은 면적 166㎢, 수량 4조L에 달하는 갈릴리 호수를 활용해 농업 선진국으로 발돋움했다. 그뿐 아니라 관광용으로도 적극적으로 활용하고 있다. 호수에는 사철 요트를 즐기는 사람이 있고, 기독교 성지순례자를 태우는 목조선이 다닌다.

사실 갈릴리는 꼭 기독교인이 아니더라도 흥미로운 곳이다. 거대한 호수는 수상 레포츠를 즐기기 좋고, 비밀스러운 예술·미식 명소도 많다. 갈리리 호수에서 멀지 않은 곳에 시리아 헤르몬산에서 발원해 갈릴리호를 거쳐 남쪽으로 흐르는 요단강이 있다. 카누를 즐기기 좋은 곳으로 옥빛 강물이 맑고 잔잔하다. 요단강을 보고 싶다는 사람들이 많아 잠시 이곳에 들렀다. 요단강 북쪽 나루에는 인디언 카누를 탈 수 있는 롭 로이(Rob Roy)라는 관광지가 있다. 비록 체험은 하지 못했지만 스쳐 지나가듯 본 것만으로 만족했다. 언젠가는 다시 오겠다고 다짐했다.

다음 일정은 예수 그리스도의 가르침 가운데 가장 많이 인용되는 '산상수훈'으로 생각되는 팔복 교회다. 산상수훈은 팔복산, 혹은 수훈산으로 불리는데 오늘날 믿어지는 장소는 갈릴리 호수 북서부 해안으로 가버나움과 게네사렛 사이에 위치한다. 이곳에 팔복 교회가 세워졌다. 교회 지붕이 팔복(八福)을 의미하는 팔각형으로 지어졌다. 그리고 교회의 앞뜰 포석에 정의, 자비, 겸손, 믿음, 소망, 인내 등의 상징물이 새겨져 있으며, 내부 8개의 유리창에는 라틴어로 팔복을 기록했다.

그 외에 일행은 베드로 수위권 교회와 베드로 집터 교회도 일주했다. 예수 그리스도의 수제자인 베드로는 으뜸 제자이면서도 결정적인 순간에 "모른다."고 예수를 배반했으나 결국 깊은 회개 후 열정적으로 복음을 전했다. 이스라엘에는 그와 관련된 교회가 많다. 베드로 수위권 교회는 예수 그리스도가 부활하여 베드로에게 나타나 그의 고백을 듣고 수위권을 부여했다고 전해진 장소인 갈릴리 호숫가에 있다.

내부는 검은 현무암 벽돌로 지어졌고, '그리스도의 식탁'으로 불리며 예수 그리스도가 제자들과 함께 식사를 한 바위로 여겨지는 큰 바위가 보존되어 있다. 교회 남쪽 아래 갈릴리 호숫가로 이어지는 돌계단이 있으며, 여기서 예수 그리스도가 베드로를 불렀다고 추정한다. 또 예수 그리스도가 제자들을 가르쳤던 가버나움 회당 앞에는 베드로가 장모와 함께 살았던 집이 있었다. 현재 그 터 위에는 베드로 집터 교회가 세워졌다.

다음 날은 이스라엘의 가이사랴를 찾았다. 가이샤라는 예루살렘에서 북서쪽으로 백여 ㎞ 떨어진 곳에 있는 로마 유적지이다. 유적지 바로 옆에 화력발전소가 있는데 우리나라 기업이 건설했다고 한다. 지분의 60%를 갖고 있다는데 진실인지는 모르겠다. 이윽고 도착한 이스라엘 가이사랴 국립공원은 예쁘고 고원에 자리 잡아 사방이 탁 트여 보기 좋았다. 주차장 앞은 울퉁불퉁한 커다란 돌들이 장식되어 있었다.

유적지 입구에는 바다를 향해 열려있는 원형극장이 있었다. 무대의 음향이 바닷바람을 타고 관중석에 골고루 전달되도록 하기 위해서라는데 여름밤 객석에 앉아 지중해 바람맞으며 공연을 보는 상상만으로도 행복해지기 시작했다.

가이샤라는 BC 20여 년경, 유대 헤롯왕이 당대 최고의 건축가들을 불러다 건설한 항구도시로 로마 초대황제 '가이사 아우구스투스' 이름을 따서 '가이샤라'라고 명명됐다.

야외음악당 발굴현장에서는 본디오 빌라도의 이름이 새겨진 돌판이 발견됐는데, 성경 외에 빌라도라는 이름이 언급된 첫 번째 기록물이라고 한다. 이 기록으로 빌라도가 실존 인물이란 사실이 확인되었다고 한다. 공원을 둘러보면 원형극장 등 로마유적지가 널려 있다. 한참 돌아다니다 보니 여기가 이스라엘인지 로마인지 구분이 안 될 정도였다.

조금 더 돌아보니 헤롯왕이 건설한 인공항구와 전차경기장, 그리고 궁전터가 나왔다. 이곳은 바람과 파도가 심해 인공적인 항구 건설이 불가능하다는데 발굴팀은 이천 년 전 항만 구조물을 발견하고 매우 놀랐다고 한다. 그늘 하나 없는 쨍한 곳에 사도 바울의 청문회가 있었던 'place of hearing'이라고 불리는 총독 궁터가 있었다. 요새 같은 건물은 당시 로마 총독 본디오 빌라도(Pontio Pilato)의 관저다. 그는 이곳에서 근무하던 중 유월절에 예루살렘에 올라갔다가 예수를 십자가에 못 박게 했다. 아쿠아덕 물 수로도 눈에 들어왔다. 웅장한 물 수로의 형태에 왠지 감동을 받았다. 역시 여행이란 언제, 어디서, 어떤 일이 일어날지 아무도 모르는 선물 같은 것인가 보다.

2천 년의 세월을 견딘 물 수로는 해변에서 끊겨 있는데 십자군 전쟁 때부터 사람들이 사용했던 헤롯 수로라고 한다. 고대 로마식 수로를 직접 보니 느낌이 새로웠다. 바다는 어디서나 아름다웠다. 청록빛이 저절로 숨을 들이켜게 했다. 거기에 푸른 하늘과 구름, 바다가 뒤섞이니 그 자체만으로도 예술이었다.

국립공원을 다 돈 뒤 다시 시내로 돌아왔다. 다음날 한국으로 돌아가야 했기에 일행들이 가고 싶은 곳 위주로 돌았다. 그런데도 마음은 묵직했다. 그것은 이곳이 성경에 명시된 곳이라서가 아니었다. 종교의 중심지요, 많은 사람들이 찾는 이곳이 정작 평화와 거리가 멀다는 점 때문이었다. 조금만 올라가면 목숨을 걸고 싸우는 사람들이 있고 서로가 서로에 대한 증오로 가득하다.

증오를 이기는 것은 더 큰 증오가 아니다. 그 반대의 감정이다. 그러나 이 감정이 언제쯤 이곳에서 피어날 수 있을까. 언제쯤 우리는 무겁지 않은 마음으로 이곳에 들러 평온을 마주할 수 있을까. 나의 여행 역사상 가장 많은 생각을 하게 한 여행이 바로 이곳 이스라엘이었다.

CHAPTER 03

세 번째 장 여행사가 말하는 여행

내 마음이고 정성이며 최선이다. 나는 여행지가 내 일터 사역 장이라고 생각한다. 나누고 섬기는 봉사는 가까운 곳에서부터 실천하여 내게 맡겨진 시간을 동행하는 것이다. 내 분야에서 보여 줄 수 있는 정성과 그것을, 최선을 다해 표현하는 것. 그것이 곧 내 마음이라고 그들이 알아준다면, 거기서 끝이어도 상관 없다는 생각이다. 다행히도 지금까지는 여행업에서, 대부분 다시 나를 찾고 혹은 주변에 추천한다. 내가 잘해서가 아니다. 나를 믿고 따르는 직원들이 최선을 다하고 함께 땀을 흘리기 때문이다. 리더는 앞서가는 사람이 아니라 같이 가는 사람이다. 그리고 나는 같이 가는 게 좋은 사람이다.

여행사 시스템
어디까지 알고 계시나요?

여행사는 겉보기와는 달리 상당히 세분화되어 있다. 그런데도 일단 크게 두 가지로 나눌 수 있는데 여행규모에 따른 분류와 기획자에 따른 분류다. 여행규모에 따른 분류는 개인 여행과 단체 여행으로 나뉜다. 기획자에 의한 분류는 패키지 투어(여행자가 독자적인 기획에 의하여 일정, 여행조건, 여행비를 정하고 참가자를 모집하는 단체 여행), 인센티브 투어(특정객, 그룹, 또는 단체에 있어서 주최자의 희망에 따라 일정을 작성하고 그 일정에 의거한 여행조건 및 여행비를 제시해 운영하는 여행)로 분리된다.

여기에 여행방향에 따른 분류와 영업 범위에 따른 분류로 다시 나뉜다. 여행방향의 경우 국내, 국외, 일반 여행으로 나뉘고 영업 범위는 다소 복잡하다. 관광사업법상 여행업은 아래와 같이 구분되며 구분별 업무영역 및 범위를 별도로 정해 운영하고 있다(여행업을 하기 위해서는 관광사업법에 의거하여 문화체육부에 등록을 요청해야 하고 이미 제출한 등록사항을 변경하고자 할 때도 이에 준한다).

먼저 일반 여행업(인바운드)이다. (주)알지오투어가 일반 여행업으로 등록되어 있다. 이곳은 내국인을 대상으로 국내여행을 알선해주는 국내여행업과 해외여행을 알선해주는 해외여행업, 외국인을 대상으로 국내여행을 알선하는 국제여행업을 모두 수행할 수 있는 업체를 말한다. 두 번째는 국외여행업(아웃바운드)이다. 해외를 여행하는 내국인을 대상으로 해외여행 상품을 판매 또는 알선하거나 항공권을 판매하고 여권 및 비자 등의 수속을 대행하는, 다시 말해 해외여행에 수반되는 일체의 업무를 전문적으로 수행하는 업체를 말한다. 마지막으로 국내여행업은 국내를 여행하는 내국인을 대상으로 여행상품을 기획·개발해 판매하고 알선 및 안내 업무를 수행하는 업체를 말한다.

이처럼 사랑여행사가 아웃바운드 여행사로 자리매김하면서 알지오투어는 인바운드 여행사를 위해 시작하게 되었고 국내여행업이 뒷받침되고 있다.

기획여행 신고업체에 대해서 좀 더 자세히 설명해볼까 한다. 기획여행 신고업체는 일명 패키지(PKG) 업체라 불리며 회사 자체적으로 상품을 기획, 홍보, 판매하는 곳을 말한다. 이런 패키지 업체는 영업보증보험에 가입해야 하며 상품을 판매해 모객하기 위해서는 홍보가 중요하다. 당연히 이런 홍보를 위해서는 막대한 홍보비용이 필요하며 그에 따르는 많은 인력과 노하우도 소요된다.

현재 이런 패키지 업체는 국내에 약 100여 개 업체가 있으며 이런 회사를 구성하기 위해서는 적게는 50명에서 많게는 몇백 명의 직원들이 필요하고 또 실제로 그렇게 운영되고 있다. 내부적으로는 남태평양, 유럽, 동남아, 미주 기타 지역 등으로 분야(PART)가 나누어져 있으며 일반 업무를 하는 OP와 항공 업무를 담당하는 카운터, 그리고 여행객들을 인솔하는 TC, 관리와 회계, 인사를 담당하는 관리부와 상품의 기획 및 홍보 등을 하는 기획부서, 홈페이지 등을 담당하는 WEB PART 등으로 나누어져 있다.

보통 이런 패키지 업체들은 고객들이 주문을 전화와 인터넷으로 하고 많은 고객들을 모객하다 보니 매우 바쁜 직업 중 한 가지이며 업무 특성상 여자의 비율이 상대적으로 남자들보다 많은 70:30 비율로 구성되어 있다. 이런 기획

여행 신고업체는 또 '홀세일 업체'와 '전문상품 판매회사'로 구분된다. 홀세일 업체란 말 그대로 도매업체란 뜻으로 여행상품을 도매하는 업체다.

현재 하나투어, 모두투어 등 메이저급 여행업체가 여기에 속하며 기획여행을 하지 않는 소규모의 여행사들을 대상으로 홀세일 업체들의 상품을 영업하기도 한다. 여행사에 자체 여행상품을 판매하고 판매수수료를 지불하는 것이다. 보통 판매 수수료는 5~15% 정도 지급된다. 보통 이런 회사들을 운영하기 위해서는 전국적인 네트워크망을 구축해야 하는데 그러기 위해서는 기획여행업체들보다 더 많은 인재와 자본력이 필요하다. 현재 운영되는 홀세일 업체들의 인원은 한 회사당 보통 200~700명 정도 투입된다.

그리고 일반 여행객들이 아닌 소규모 여행사를 대상으로 여행상품을 판매하기 때문에 여행사별로 담당 세일즈맨(SALESMAN)이 있으며 패키지 업체와는 반대로 30:70비율로 남자 직원 구성이 많다. 전국적인 네트워크망 구축을 위해 대리점이 아닌 지사로 운영되며 본사 같은 경우 패키지 업체처럼 국가별 PART가 있으며 각 여행사를 담당하는 수많은 영업부가 있다.

이런 홀세인 업체는 직원 규모가 크다 보니 각 회사별로 동아리들도 있고 노조, 코스닥상장회사, 해외지사 등과 더불어 직원들의 편의를 위해 기숙사도 제공한다. 전문상품 판매회사는 보통 배낭, 항공권, 박람회, 허니문, GSA(국내 총판 대리점), 연수 등 한 가지 상품만을 중점적으로 홍보, 판매하는 회사들을 말한다.

오랜 시간 동안 해당 상품만을 기획, 판매해왔기에 상당한 노하우가 있어 여행객들 사이에 전문가들로 구성되어 있다는 느낌을 준다. 이런 여행사들은 패키지 업체들처럼 10명이 넘는 불특정 다수의 그룹 여행팀으로 모객하기보다는 개별(FIT) 여행객들을 대상으로 상품들을 기획하며 대표적인 전문 여행사의 종류는 배낭여행, 항공권 전문, 허니문 전문, 기업여행 전문, 기타 등으로 나뉜다.

배낭여행은 대학생과 일반인들을 대상으로 유럽, 호주, 미주 등지의 배낭여행 정보와 여행에 필요한 정보와 일정을 계획해 그에 필요한 항공권, 숙박예약, 교통패스, 국제학생증 등을 판매하고 있으며 근무 인원은 보통 10명~70명가량이다. 이런 배낭여행사들은 보통 패키지 업체처럼 사전에 여행상품을 만들어 판매를 하는 게 아니라 여행객이 원하는 일정과 루트를 컨설팅해 여행상품을 만드는 게 보통이다.

여름방학과 겨울방학 등 성수기에는 배낭여행 전문회사

들이 함께 연합해 패키지 상품처럼 사전 배낭여행 상품을 만들어 판매하기도 한다. 현재 배낭여행 전문업체는 약 30여 개 정도로 이 상품을 담당하는 OP들은 현지에 관한 정확한 정보와 배낭여행 경험들이 있는 사람들이 담당한다. 항공권 전문사는 보통 같은 항공기라 해도 항공요금은 여행사별로 차이가 있다는 것에서 착안하여 탄생한 업체다.

예를 들어 A라는 항공사의 서울-방콕 노선이 40만 원이라고 하면 보통 여행사들은 40만 원에 판매를 하지만 A항공사 서울-방콕 노선의 항공권 판매실적이 우수한 여행사들은 35만 원에 판매를 하고 있다. 그리고 개별 여행자들이라고 해도 항공권은 단체요금으로 적용하여 이보다 더 저렴한 요금으로 항공권만을 판매한다.

항공권 외 부수입으로 홀세일 업체의 패키지와 호텔예약을 판매하고 있지만 그리 많지는 않다. 그래서 대부분 동남아, 미주, 유럽, 남태평양 등에서 한 지역만을 중점적으로 홍보 및 판매를 하고 있다. 여기를 통하면 일반 여행자들은 똑같은 항공편이라 해도 저렴한 항공권을 구입할 수 있다. 아울러 이렇게 일반 여행객들을 대상으로 항공권을 판매하는 여행사와 이중 대기업을 전담하는 전문 여행사들은 그 규모가 일반 패키지 회사들보다 더 크다. 그리고 이렇게 기업들과 일반 여행객들의 항공권을 전담하는 대표적인 여행사는 약 100여 개 업체가 있다.

허니문 전문 여행사는 특이한 업체가 아니다. 일단 모든 여행사가 허니문 상품을 취급하고 있다. 일반 패키지 업체들도 허니문 상품을 자체적으로 만들어 판매하고 있지만 이는 봄, 가을 결혼시즌에 한정돼 있다. 하지만 1년 내내 허니문 상품만을 기획하고 판매하는 여행사가 바로 허니문 전문 여행사다. 국내에 약 10여 개가 존재한다.

기업박람회 전문 여행사는 기업만을 대상으로 한다. 일반 기업체의 경우 새로운 기술과 상품을 파악, 분석하고 해당 기업체 상품의 흐름을 알고 싶어 하기에 세계 각지로 출장을 나간다. 또 더 많은 정보를 원해 여러 박람회에 참석을 한다. 그래서 이런 기업체들을 위해 각국의 박람회 정보를 제공하고 현지에서 필요한 호텔, 가이드, 입장권, 식사, 행사 스케줄 등을 섭외해주고 박람회가 열리는 도시까지 저렴한 항공권을 제공하는 업체다.

보통 이렇게 박람회를 중점으로 하는 여행사들은 오랜 시간 거래를 통해 해당 기업체들로부터 신임을 받아오고 있는 경우가 태반이다. 현재 기업을 대상으로 하는 여행사는 약 10여 개가 있으며 해당 직원별로 담당하는 기업체가 있어 기업체별로 관리하고 있다.

　기타 전문 여행사는 미용, 패션, 성지순례, 어학연수, 방송 등 수많은 분야에 걸쳐 나누어져 있으나 그리 많은 숫자는 아니다. 이밖에 랜드사란 것도 있는데 국외 여행지 중 현지에서 파견된 한국 내 사무소를 말한다. 보통 서울에 모두 치중되어 있으며 여행사를 대상으로 해당 여행지를 홍보하고 여행사에서 모객한다. 한 지역만 담당하기에 근무 인원은 보통 4-10명 정도로 구성되어 있다. 여행에 필요한 호텔, 현지행사, 가이드 등을 수배해주고 각종 여행 견적과 일정 등을 여행사에 제공한다.

　국내 전문 여행사는 국내 중에서도 제주도를 전문으로 하는 여행사와 국내 여행지를 테마로 구성해 여행상품을 취급하는 여행사로 나뉜다. 이런 여행사들은 서울보다는 지방에 분산돼 있으며 국외여행에 절대적으로 필요한 항공기 대신 일반 대형버스를 소유해 자체적으로 특성 있는 상품들을 기획·판매하고 있다. 보통 이런 여행사들은 규모는 작지만 자체 국내 여행상품들을 오랜 시간 동안 기획·판매해왔기 때문에 그만한 노하우를 가지고 있다.

단체배낭여행, 패키지,
자유여행 계획 짜기

　어떠한 여행을 가든지 모두 다 각자에게 맞는 여행 스타일이 있다. 다양한 여행 스타일을 체험해보면 나중에는 나에게 맞는 여행 스타일이 어떤 것인지 알게 되기도 한다. 특히 한국을 떠나 멀리 가는 여행은 나에게 딱 맞는 스타일로 여행을 해야 만족감이 크고 좋은 추억도 오래오래 남게 된다. 그렇다면 당신은 어떤 여행 타입인가?

　우리가 아는 여행은 대부분 세 가지로 좁혀진다. 배낭여행, 패키지, 자유여행 등이다. 여행이 처음인 사람이거나 시간이 없는 사람은 패키지를 선호하고 저렴하면서 해당 나라를 직접 돌아보려는 배낭여행이 있다. 또 저렴하지는 않지만 자신만의 스케줄을 만들어 즐기고 싶은 자유여행도 존재한다.

이들의 장단점은 무엇일까? 유럽여행을 예로 들어 이야기해 보자. 유럽은 볼거리가 많은 곳이기 때문에 패키지여행으로 떠날 경우 스케줄이 빡빡한 편이다. 대부분의 주요 관광지는 다 볼 수가 있다. 그래서 유럽 여행을 갈 때 가장 많이 가는 방법 중 하나는 패키지다.

유럽은 볼 것도 많고 나라도 다양하기 때문에 스스로 선택하기가 상당히 어렵다. 특히나 일정이 짧으면 더더욱 그러하다. 안전에 대한 불안감도 크다 그런 면에서 패키지여행은 관광버스로 30명에서 50명 정도가 함께 이동하면서 한국에서부터 시작해 다시 한국으로 도착할 때까지 가이드와 함께 여행을 하게 되니 안전은 보장받게 된다.

짧은 여행 기간이라면 패키지여행을 통해 중요한 관광 스팟을 구경하면서 즐긴다는 기분으로 다닐 수 있지만 한편으로는 자유시간이 부족해 개별 활동이 어렵다는 단점이 있다. 게다가 아침부터 저녁까지 스케줄이 꽉꽉 차 있기 때문에 피곤한 경우도 있다. 그리고 패키지 특성상 한식이 꼭 들어가기 때문에 여행을 하면서 현지식을 즐기고 싶은 사람들은 고역일 수 있다. 물론 지금까지는 여행하면서 그런 사람은 본 적이 없지만 현지식을 좋아하는 사람들에게는 분명히 아쉬운 부분이라고 할 수 있다.

또한 패키지의 특성상으로 자유로운 시간이 없고 개인적인 부분보다 단체적으로 행동해야 하므로 자유가 좀 제한된다. 가보고 싶었던 카페 또는 음식점을 가지 못할 수도 있고 쇼핑도 자유롭게 할 수 없다. 하지만 사전 준비가 상대적으로 많이 필요없고 편하게 먹고 즐기는 여행을 선호한다면 패키지여행은 최고로 편안한 여행이라 할 수 있다.

자유여행은 최근에 불고 있는 트렌드 여행이다. 유럽 여행을 계획하면서 처음부터 끝까지 내가 하고 싶은 방향대로 설정하는 것 그것이 바로 자유여행의 묘미다. 내 시간에 딱 맞춰서 여행 일정을 짜는 것이기 때문에 너무 촉박하지도 그렇다고 너무 여유롭지도 않게 나의 스타일 그대로 여행일정을 짤 수 있다. 무엇보다 사전에 조사했던 곳에서 먹고, 자고, 즐길 수 있다는 장점은 아주 큰 매력이다.

하지만 자유여행을 계획하려면 여행을 떠나기 전에 공부를 좀 해야 한다. 다양한 정보가 없다면 현지에서 당황할 수밖에 없기 때문이다. 또 예산이 넉넉하지 않다면 여행을 계획하는 동시에 미리 저렴한 비행기 특가를 알아봐야 하고 활동성이 높은, 똑똑한 여행 루트를 계획해둬야 한다. 아울러 현지에서도 잘 이동할 수 있도록 교통편과 이동수단을 알아보는 것도 해야 한다. 돈이 있으면 개인 가이드를 부를 수 있겠지만 그렇기엔 비용이 너무 많이 드니 최소한 어느 정도의 영어도 가능해야 한다.

마지막으로 여행 내내 어떤 음식을 먹고 어디에서 자고 현지 여행비용은 얼마나 드는지 계산해야 하기 때문에 생각보다 피로한 경우가 많다. 가장 큰 불안은 현지에서 발생하는 위급상황 시 대처하기가 어렵다는 것이다. 타지에서의 자유여행은 위급한 상황이 생겼을 때 보호자가 없을 경우, 더욱 위험에 처할 수 있다. 만약 아프기라도 하면 총체적 난관에 빠지게 된다. 실제로 장기간 자유여행을 하는 사람들 중에 급박한 상황 때문에 도중에 한국으로 돌아오는 경우도 상당하다.

단체배낭여행은 얼마 전부터 불고 있는 하이브리드 여행상품이다. 패키지여행의 장점과 자유여행의 장점을 합친 여행이다. 어떻게 보면 패키지와 비슷하지만 성격이 확실히 다르다. 기본적으로는 20명에서 40명까지의 인원이 함께 버스를 타고 유럽을 여행한다. 루트는 함께 이동하지만 도시에 도착해서는 각자 여행하는 것이 차이점이다.

여행사별로 차이는 있지만 전문 인솔자가 동행하는 경우도 있다. 각자 주어진 시간 동안 보고 싶은 것을 보고 정해진 시간에 숙소 등지에서 만나면 된다. 다만 숙소는 도심 중심가의 3, 6인실에서 숙박해야 해서 개인의 프라이버시를 보장하기는 힘들다. 그렇다면 여행 계획은 어떻게 세우는 것이 좋을까. 최고의 여행을 보내기 위해서는 자신의 스타일을 먼저 파악해야 한다. 여행 목적이나 주변 여건들도 당연히 점검이 필요하다.

자신이 해외여행 초보라면 고민하지 말고 패키지를 택하자. 편리하게 여행을 준비할 수 있고 현지에서 시행착오도 줄일 수 있다. 해외여행 경험이 많다면 당연히 자유여행이다. 호텔, 항공권 예약 등 스스로 처리해야 할 사항이 많으므로 계획을 잡을 때 좀 오래가는 여행으로 구상해야 한다. 그다음은 계절을 선택해야 한다. 해외의 경우 원하는 여행지를 원하는 날짜에 딱 맞춰 가려면 6월 말까지는 예약을 마쳐야 한다.

특히 휴가지로 인기가 높은 동남아시아 지역은 빨리 마감되므로 시간이 늦을수록 예약하기 힘들다. 그 외 지역은 7월 중순까지도 충분히 원하는 상품을 예약할 수 있다. 그런데도 공휴일인 제헌절과 휴가 절정기인 7월 말~8월 초는 피하자. 용을 써도 그때는 원하는 것을 갖기 힘들 수 있다.

그때마저도 놓쳤다면 아예 광복절 이후를 노리는 것도 나쁘지 않다. 여행 성수기가 끝나는 8월 셋째 주부터는 항공권, 숙소 등 각 요금이 서서히 내려가기 시작하니 경제적일 수도 있다. 원하는 날짜에 원하는 좌석이 없다면 조금 더 비싼 일정을 택하는 것도 방법이다.

어떤 상품을 선택해야 할지 막연하다면, 신문 여행섹션이나 각 여행사 홈페이지를 주의 깊게 살펴보면 된다. 휴가 계획을 세울 때 여행 가능한 시간이 얼마나 되는지도 중요하다. 개인적으로 3일 이하는 중국·홍콩·일본을 추천하고 4~5일은 괌·사이판·장가계를, 6~7일은 유럽·호주·피지 등이 좋고 8일 이상이라면 어디라도 상관없다.

혼자 가는 여행인지, 여럿이 함께 가는 여행인지를 결정하는 것도 중요하다. 거기에 따라 여행 스타일이 완전히 달라지기 때문이다. 여행을 가서 헤어져 돌아오는 커플이 간혹 있으니 계획을 세울 때 서로의 여행관을 확실히 해두는 것도 좋다. 최근에 호주에 갔다가 헤어져 돌아오는 커플을 봤기 때문에 하는 조언이다.

싸다고 좋은 게
아니랍니다

　우리나라는 마음만 먹으면 다양한 해외여행을 선택할 수 있는 여행 천국이다. 대부분의 나라와 무비자로 연결돼 있고 또 곳곳에서 한국 여행객들을 볼 수 있다. 언론매체 역시 관광객을 유혹하는 여행사들의 패키지 관광상품들을 소개하며 해외여행을 독려한다.

　여행상품도 다양하다. 고생하신 부모님을 위한 해외 효도여행, 친목 도모를 위한 각종 여행 계모임, 골프만을 즐기기 위한 골프여행 그리고 학생들의 수학여행까지. 이제 해외여행은 예전의 가진 자만이 즐기는 문화가 아닌 보편타당한 것으로 우리의 레저로 자리 잡은 듯하다. 그런데 막상 여행을 하고 돌아온 후, 다수의 사람이 불만을 토로한다. 바로 무분별한 옵션과 물품 구매 강요 때문이다.

지난 2016년 한 방송사에서 저가 여행에 대한 심층취재를 보도한 바 있었다. 거기에 나온 사람들은 하나같이 저가 여행에 대한 강한 불만을 토로했다. 통상적으로 여행업에서는 보통 저가 패키지여행의 경우 현지 가이드용, 식사, 숙박 등에서 지출을 줄인다. 이런 상품을 구입한 사람들은 여행을 다녀오고 나면 자신의 의지와는 관계없이 현지에서 선택옵션 관광을 강압적으로 했다고 화를 낸다. 또 자신의 의지와는 상관없이 쇼핑만 주야장천 했다는 불만도 크다.

종합해보면 저가여행은 주로 빡빡한 일정과 쇼핑, 선택관광에 대한 강요가 압도적이다. 방송에서도 그런 장면이 나왔다. 제작진이 실제 패키지여행에 참석해 몰래카메라로 찍었는데 단체로 행동하는 관광이다 보니 누구 하나 개인행동을 할 수 없을뿐더러 현지 가이드도 선택옵션을 강압적으로 강요하는 것이 생생하게 보도됐다.

그뿐만 아니라 선택옵션의 가격도 문제가 있었다. 어떤 공원의 입장료가 실제 한화 5,000원인데 비해 옵션 같은 경우 7배나 차이가 나는 3만5,000원을 받는 것이다. 방송에 나온 현지 가이드들은 적자를 면하기 위함이라고 주장한다. 국내 업체에서 가이드에게 가는 돈은 거의 없을 뿐만 아니라 이런 저가 패키지여행을 실제 그 가격에 진행하려면 옵션은 필수라는 것이다. 그 옵션을 통해 발생하는 수익으로 부족한 경비를 충당하고 가이드 비용을 충원하는 셈이다.

한마디로 국내여행사는 저가로 상품을 팔지만 현지 가이드나 기타 경비를 현지에 거의 주지 않는다. 그래서 현지 가이드는 부족한 부분을 선택관광이란 것으로 대신 충당하는 것이다. 결국 피해는 소비자가 떠안을 수밖에 없다. 이것은 여행이 아니라 사기다. 현지 가이드의 불만도 이해할 수 있지만 도를 넘어서는 행동이 너무 많다.

예를 들어 쇼핑 시 일정 금액의 매출이 나오지 않으면 나올 때까지 관광객들을 그 쇼핑센터에 묶어둔다거나 선택관광 시 해당 인원이 적으면 가이드의 태도가 돌변하는 경우도 비일비재하다. 옵션투어가 적은 여행사와는 두 번 거래를 하지 않으려 하고 쇼핑센터에서 마냥 시간을 지체한 경험, 쇼핑과 옵션이 적다고 가이드가 중간에 못 한다고 하여 다른 가이드로 바뀐 경우나 쇼핑이 옵션이 적다고 가이드팁을 무리하게 요구하기도 한다. 또한 옵션을 적게 해서 식사와 호텔이 당일 바뀌기도 한다.

그렇다고 이런 문제점을 현지여행사와 가이드 탓만이라

고 할 수는 없다. 고쳐야 할 것은 바로 우리나라의 불합리한 여행특성이다. 우리나라 해외관광의 가장 큰 문제점인 현지 쇼핑과 옵션의 문제점은 저가상품과 덤핑상품을 기획 후 모객하는 것에서 비롯된다. 현재 여행 패키지상품의 구성은 국내 관광객을 모객하는 국내여행사와 현지에서 일정에 맞는 관광상품을 진행하는 현지여행사 그리고 현지 가이드들의 진행으로 구성되어 있다.

현지여행사는 국내여행사에서 모객된 여행인원의 행사비를 국내여행사에 요구해야 하지만 이렇게 되면 국내여행사들의 여행상품 가격은 그만큼 가격상승하게 된다. 또한 국내여행사가 모객 후 현지 해당 여행사에 송출하지 않으면 해당 현지여행사는 고사하기에 국내여행사의 눈치를 볼 수밖에 없다. 자연히 정상적인 가격에서 진행하는 상품과 저가 또는 덤핑상품의 가격 차이는 확연히 차이가 나게 된다.

문제는 상품의 품질보단 값싼 상품만을 우선시하는 일부 국내 여행객의 심리다. 대형 여행사를 제외한 다수의 여행사는 소규모인 데다 수익구조가 뻔하기 때문에 모객이 줄어들면 유지하기가 어렵다. 저가상품, 덤핑상품기획의 유혹을 받지 않을 수 없다. 저가·덤핑여행은 애당초 현지여행사의 행사비(진행비+적당한 마진)는 쇼핑과 옵션에서 보전할

각오로 나오는 상품이고 국내여행사들도 이를 잘 안다.

더욱이 돈이 싸면 쌀수록 쇼핑 시 질 낮은 저가제품을 고가로 팔거나 저가 옵션을 고가로 파는 경우도 많다. 쇼핑을 많이 하면 할수록 옵션을 많이 하면 할수록 여행사나 가이드 입장에서 보면 대박이 되다 보니 일단 사람만 불러 모으는 데 혈안이 된다. 싼값으로 떠났지만 각종 옵션과 쇼핑 때문에 돈은 돈대로 쓰고 여행은 여행대로 즐기지 못하는 구조가 계속 반복되는 것이다.

이런 것을 끊는 방법은 간단하다. 저가의 유혹에 관광객들이 넘어가지 않으면 된다. 제대로 된 금액을 내고 여행을 떠나면 손해를 보는 것 같아도 결국은 이익이다. 마음껏 즐기고 무리한 요구를 받지 않아도 되며, 현지의 낭만을 듬뿍 맛볼 수 있다. 상식적으로 저가 상품은 저가 품질이 동반되며 적당하고 합리적인 가격은 그에 맞는 제대로 된 품질과 서비스가 제공된다.

여행업에서 이제는 바가지 여행이나 돈을 올려 받는 행위는 거의 근절됐다. 제대로 된 여행사와 상담을 통해 적절한 비용을 지급하는 것이 오히려 여행을 즐기는 지혜다. 내가 운영하는 여행사에 처음 상담하러 오는 회원들은 가격을 보고 "뭐가 그리 비싸요? 다른 곳은 보니까 훨씬 싸던 데?"라고 되묻는 경우가 있다. 반면에 여러 번 이용하는 고객들은 "그거 갖고 되겠어요? 이런 것 저런 것도 해보고 싶으니까 조금 더 올려 받아도 될 것 같아요."라고 말한다.

전자는 여행을 자주 가보지 않았기 때문에 돈이 먼저 들어오지만 후자는 나와 같이 떠난 여행에 만족을 느꼈기 때문에 돈보다는 즐거움을 선택한 것이다. 그런데 따지고 보면 그렇게 크게 차이가 나는 것도 아니다. 막상 저가여행으로 떠난 현지에서 쓰는 돈을 합치면 오히려 비용은 저가 쪽이 더 많이 들어간다.

상식적으로 생각해보면 답이 나온다. 다른 여행사에서 100만 원으로 가는 여행지를 어떤 여행사가 50만 원에 판다고 생각해보자. 그렇다면 후자의 여행사가 마진을 안 가져가서 싼 것일까? 아니다. 여행업에서는 '싼 게 비지떡'이란 말이 진리다. 그렇다고 무리한 가격의 여행상품만 있는 것은 아니다. 합리적인 가격의 여행상품이 우리 주변에 다양하다. 우리가 그것을 찾지 않을 뿐이다.

대형 여행사가
과연 최고일까요?

2017년 7월 해외에서 활동하고 있는 한국인 여행가이드 200여 명이 투어피 현실화를 요구하며 자신의 권리를 보호받고자 한국노총 산하 가이드노동조합에 가입하는 일이 신문에 보도됐다. 이번 노조가입은 재태 한인가이드들이 주축이 되어 한국노총 공공연맹 산하 중부지역 공공산업노조에 한국가이드지부를 설립하고 지부장도 선출했다.

이들은 한태관광진흥협회로 보낸 공문을 통해 "이제 재태 한인가이드들은 합법적으로 한국의 노동법과 노조법에 의해 보호를 받게 됐으며 특히 한국노총 산하로 들어가 한국노총과 함께 노동쟁의 및 단체 교섭권 등을 부여받고 구상을 할 수 있게 됐다."며 "재태 한인가이드 노조는 투쟁의 주체가 태국 랜드사가 아닌 한국의 대형 모객사임을 공표한다.”고 밝혔다. 오랫동안 쌓였던 여행가이드들의 분노가 폭발한 것이다.

태국 지상비 문제의 경우 이미 지난 1999년부터 2002년, 2004년, 2007년 등 수차례 재태관광진흥협회에서 국내 여행사들과 교섭해 왔었다. 그러나 지금까지 이렇다 할 합의점을 찾지 못했다. 그 결과 관광객들과 최접점에 있는 가이드들이 한국노총에 정식 가입해 국내 대형 여행사들을 타깃으로 삼아 단체 행동을 할 뜻을 내비친 것이다.

한 여행사의 담당자는 해당 신문에 “수십 년간 이어져온 우리나라 여행산업 구조가 하루아침에 바뀔 수 있는 문제가 아닌 만큼 가이드노조의 활동에 촉각을 곤두세우고 있다.”며 “요구사항이 접수되면 합리적인 선에서 절충할 계획”이라고 말했다.

그런데 그것을 잘 알고 있는 여행사들이 왜 저가여행을 만들고 있는 것일까? 그 뒤에는 대형 여행사들의 힘이 자리하고 있기 때문이다. 우리나라 여행업계에서는 1위와 2위를 차지하는 대형업체가 관광객의 절반을 독점하고 있다. 2위와 3위의 차이도 엄청나다. 이 때문에 업체 5위권 이외에는 모두 중소 여행사로 간주해야 한다는 푸념이 저절로 나온다.

빈익빈 부익부가 명확한 곳이 바로 여행업계다. 대형 여행사는 계속 돈이 들어오기 때문에 연간 수십억 원을 광고에 쏟아붓는다. 사람들은 거기에 끌려 그 여행사를 찾는다. 그런데 진짜로 쏟아부어야 할 것은 광고가 아니라 현지여행사와의 파트너십이다. 이렇게 대형 여행사가 포격하다시피 광고를 퍼부어 대니 중소여행사들은 생존을 위해 가격을 깎는 방법을 택했다. 막대한 자본 때문에 제 살을 깎아 생존하려는 것이다.

정작 이들 때문에 피해를 보는 것은 소비자와 현지 가이드이다. 앞서 말한 한국인 가이드의 노조설립 배경에는 저가 패키지 상품 판매에 따른 현지 가이드들의 생활고 문제가 가장 큰 것으로 지적됐다. 가이드노조의 주장에 따르면 태국 등 동남아 패키지 여행상품은 원가에 못 미치는 마이너스 상품이 일반적이다. 손님 한 명당 최소 10만 원에서 25만 원 이상 마이너스인데 그것을 현지 가이드에게 떠넘기는 구조이다 보니 가이드들은 옵션관광, 쇼핑 등으로 이를 메워야 한다.

마이너스 부분을 메우고 난 후 들어오는 수입은 현지여

행사와 가이드가 반반씩 나누어 갖지만 옵션과 쇼핑으로 메우지 못하면 고스란히 가이드의 호주머니에서 지급해야 한다. 이러다 보니 며칠을 고생하고 한 푼도 벌지 못하거나 거꾸로 손실을 보는 경우가 발생한다. 따라서 가이드들은 마이너스 관광 상품에서 자신들이 메워야 하는 금액을 없애거나 줄여줄 것, 자유롭게 노동조합에 가입하여 활동할 권리를 보장할 것을 요구하고 있다.

이 밖에 가이드들이 지적하는 어려움으로는 △쇼핑과 옵션으로 고객의 소비 유도 △고객 만족이 아닌 쇼핑과 옵션으로 가이드 평가하기 △가이드들은 정작 만져보지도 못하지만 손님들이 여행사에 지불하는 가이드팁 40달러 △컴플레인 발생 시 가이드의 무한 책임 △호텔비 킵백 명목으로 가이드가 부담하는 호텔비 부풀리기 △투어피 부풀리고 가이드에게 부담 주기 등이다.

아울러 이 모든 불합리의 시초는 대형 여행사로부터 나온 것이다. 이런 상황에서도 우리 여행사가 생존할 수 있는 것은 대형 여행사의 패키지여행에 의존하는 여행사가 아니기 때문이다. 일부는 대리 판매도 하지만 우리 여행사의 주력 상품은 직접 상품을 개발하고 좋은 상품만 엄선해 제공하기 때문이다. 대형 여행사가 독점하는 형태의 국내 여행시장의 현실은 독과점과 같아 질적으로 크게 발전하기 힘들다. 당연히 기타 여행사들은 생존을 위해 자신들보다 더 약자인 현지여행사와 가이드를 쥐어짜는 것이다.

대형 여행사의 횡포가 얼마나 심했으면 2013년, 한 기사에서는 이들을 '슈퍼 갑'이라고 지칭했다. 브랜드 파워와 온 오프라인 채널을 확보한 대형 여행사를 통하지 않고서는 모객이 어려운 현실이다 보니, 국내 중소 여행사나 현지 랜드사는 계약 조건이 불리하더라도 이들과 거래하지 않을 수 없다는 것이 기사의 주된 내용이었다.

대형 여행사들은 막강한 자금력을 바탕으로 실제 경비에 못 미치는 상품가를 책정해 판매하고 덤핑을 유도한다. 가격 후려치기로 인한 금전적 손실을 만회하기 위해 결국 현지에서는 여행객들에게 옵션과 쇼핑상품을 강매하는 것이다. 저가여행의 수법을 대형 여행사도 쓰고 있는 것이다. 대형 여행사에서 현지 랜드사를 거쳐 여행객들에게까지 부담이 전가되는 이러한 상황을 신문에서는 서로에게 손해를 떠넘기는 '폭탄 돌리기'라고 묘사했다.

또 신문에 보도된 중소 여행사 관계자의 멘트를 보면 "대형 여행사가 막무가내로 저렴한 가격을 매기면 정당한 비용으로 여행시키려는 여행사는 망할 수밖에 없는 구조"

라며 "현재와 같이 소수 기업이 시장을 독점하는 형태로는 여행 산업이 질적으로 크게 발전하기 힘들다."고 비판했다. 여행사의 가격 경쟁 피해자는 결국 소비자다.

2017년 11월 5.4 규모의 지진이 포항에서 발생했다. 건물이 흔들리고 대형 유리창들이 종이처럼 찢어지듯 깨졌으며 필로티 건축물은 기둥이 파손됐다. 사람들은 놀라 대피소로 달려갔고, 급기야 2018학년도 수학능력시험까지 일주일 연기됐었다.

그리고 일주일 뒤 인터넷에 올라온 포항의 한 산후조리원의 CCTV 영상이 사람들의 눈길을 끌었다. 영상에는 지진 발생 당시 건물이 크게 흔들리는 장면이 나온다. 건물 안의 사람들도 제대로 몸을 가누지 못한다. 그런데 그곳은 신생아들이 있는 산후조리원이었다. 위험한 순간, 간호사들은 누구랄 것도 없이 재빨리 아이들이 누워 있는 이동식 요람을 몇 개씩 붙잡고 버틴다. 한 간호사는 방문자가 안고 있는 아이를 같이 껴안고 웅크린다. 15초 정도의 영상이지만, 뭉클한 감동이 밀려왔다.

그들이 거대한 위협 속에서도 굳건히 지킨 것은 신생아를 넘어선다. 인간이 가지고 있는, 위험한 상황에 처한 이들을 지켜야 한다는 '휴머니즘'과 자신의 안위보다 직업윤리를 더 우선시하는 '프로의 자세', 그리고 타인의 아이를 자신의 아이처럼 여기는 '모성'으로 확대될 수 있다.

나는 그중에서도 그들이 보여준 직업윤리에 강한 감동을 받았다. 직업윤리! 여행업계에서도 더 이상 소비자들이 대형 여행사로만 가지 말고 직업윤리를 가진 여행사를 선택했으면 하는 바람이다.

현지 가이드와의 대화법은
이렇게

　큰 회사가 아니고서는 현지에 소속 가이드를 두기 힘들다. 그래서 여행사는 여행 상품에 따라 현지 가이드를 구하는 경우가 태반이다. 주로 자주 접촉해온 업체를 이용하지만 낯선 곳에서는 그렇게 하기가 힘들다. 현지 가이드는 한국을 벗어나 외국에 상주하며 해당지역에서 활동하는데, 한국에서 온 여행객들을 위해 여행가이드를 하는 업무를 통칭한다.

　현재 외국에 나가 국내 기업에 현지 가이드로 취업이 가능한 지역은 태국, 필리핀, 괌, 사이판 등이며 미주, 유럽, 남태평양 지역에서는 보통 현지 한국 교포나 유학생들이 하고 있다. 보통 태국과 필리핀 지역은 여행자들이 많아 많은 한국 가이드들이 활동하고 있는데, 한국에서 온 여행객 팀 대부분은 인솔 가이드와 현지 가이드로 나뉘어서 운영된다.

이 모든 것은 자국인 외에 어떤 가이드도 합법화할 수 없다는 현지의 법을 피하기 위한 것이며 여행객의 투어가 시작되면 한국에서 온 TC, 현지 가이드, 현지인 가이드, 차량운전기사 등 4명으로 구성되는 경우가 많다. TC를 제외한 4명은 하나의 스태프 진으로 구성되어 여행객들의 안내와 안전, 편의를 책임지게 된다.

현재 태국과 필리핀에서는 약 2,000명의 현지 한국인 가이드들이 있으며 매년 수백 명의 신입 가이드들이 현지에서 탄생한다. 그런데 현지에 가서 영어 외에 해당 국가의 언어를 배워야 하는데도 대부분의 사람이 현지에서 약 3달 동안의 교육시간에 간단한 현지 언어와 여행코스, 여행객 가이드 사항 등만 배우는 경우가 많다. 무엇보다 유머감각이 필수인데 이렇지 못한 현지 가이드도 상당하다. 그래서 필자는 매뉴얼을 만들어 회사 인솔팀들에 상시로 교육을 한다.

손님 : 박안내 가이드님, 저기 보이는 곳이 ○○공원인가요?
가이드 : 네.

손님 : 근처에서 사진 좀 찍을 수 있을까요?

가이드 : 안 됩니다. 일정에 나와 있듯이 차창관광입니다.

손님 : 한국에서 받은 일정표에는 관광이라고 표기되어 있는데요?

가이드 : 그건 한국여행사들이 현지 사정을 알지도 못하면서 표기한 것입니다.

인솔자 : 가이드님, 제가 알기로는 근처에 사진 찍을 수 있는 곳이 있는 것으로 아는데 거기로 가서 잠깐 시간을 드리면 어떨까요?

가이드 : 이곳에 몇 번이나 와보셨어요? 잘 알지 못하시면 제 안내에 따라주시죠?

이런 경우 인솔자는 화를 내거나 가이드와 마찰을 빚어서는 안 된다. 우선 가능하다면 현장에서 융통성을 발휘해 해결을 유도하는 것이 가장 좋지만, 그런데도 해결이 되지 않고 지속적으로 현지 가이드의 자질 부족이 판단되면 바로 현지 업체에 직접 해결방안을 논의하는 것이 좋다.

또한 가능한 여행자의 요청을 들어주는 것이 좋지만, 그렇지 않다면 고객에게 자초지종을 설명하고 재차 해결방안을 모색하겠다는 노력의 모습을 보여야 한다. 하지만 대부분 위의 경우 가이드의 교체를 요구하는 편이 낫다.

또 현지 가이드는 대부분 정해진 기본급여가 없이 모두 여행객들의 TIP으로 수입을 올리고 있으며 그 외에 별도의 리베이트가 있다. 2년 정도의 경력을 가진 현지 가이드를 기준으로 볼 때 약 200만 원의 수입을 올리고 있으나 수입이 일정치 않고 변동이 있다. 그래서 리베이트를 위한 강제 쇼핑이 발생하는 경우가 많다.

가이드 : 아시다시피 '녹용' 하면 호주라는 것은 다 아실 것입니다. 보통 다른 여행팀은 쇼핑점을 통해 구매하게 되므로 가격은 약 10분의 1 정도 저렴하게들 구입하시지만, 효능이 조금 떨어지는 것은 사실입니다. 하지만 오늘 여러분은 굉장히 운이 좋은 것 같습니다. 호주식약청이 인증하고, 정부 기관이 운영하는 Y연구소에서 호주방문의 해를 기념하여 특별히 이번 달만 단체여행객에게 일시적인 개방을 한다고 합니다.

손님 : 이번 여행 때문에 인터넷을 확인했는데, 호주 패키지여행에서 녹용 등 약품을 사는 것은 효능도 없을뿐더러 몇 배나 더 비싸다고 하던데요?

가이드 : 그래서 말씀드렸지 않습니까? 그분들은 일반 쇼핑점에서 구매한 것이고요, 정부가 인증한 Y연구소의 녹용약품은 질

이나 효과에서부터 월등한 차이가 있습니다.

　가이드 : 입장하지 않으시면 버스에서 무료하게 1시간 정도 기다려야 하는 단점도 있으니, 꼭 구매하지 않더라도 연구소 견학이라 생각하고 둘러보시기를 권장합니다.

　쇼핑이나 옵션 판매는 현지 가이드의 수익과 직결된 문제로써 호주, 중국 등 대부분 해외 여행지에서 강요사례가 빈번히 발생하고 있다. 인솔자가 현장에서 저지한다는 것도 거의 불가능한 일이다. 따라서 인솔자는 가이드를 처음 만나 사전 일정을 협의할 때, 여행자들에게 이미 설명회를 통해 팁과 옵션에 대해 안내했고 그에 대한 긍정적인 반응을 받았다고 알려줘야 한다.

　또한 한국에서 언론, 인터넷 등 다양한 매체를 통해 해외 쇼핑·옵션에 대한 부정적 인식이 널리 퍼져 있음을 인지시켜야 한다. 오히려 쇼핑보다는 관광시간을 많이 할애해주는 것이 이득이 될 수 있음을 설득해야 이런 피해를 줄일 수 있다. 사실 현지 가이드와의 마찰은 어제오늘 일이 아니다.

　해외여행상품의 지나친 가격 경쟁이 현지 가이드에게 원가 만회의 부담으로 작용해 발생하는 것이다. 현재 해외 현지의 가이드는 현지인은 거의 없고 대부분 한국인이 맡고 있다. 일부 유럽 등 한국인 가이드 채용이 어려운 지역은 유학생 등이 일시적으로 가이드에 나서는 등 해외여행의 질을 떨어뜨린다는 지적도 받고 있다. 중국의 경우는 한국인이 아닌 재중 교포 3, 4세대가 가이드를 하고 있는 실정이다.

원래 가이드들은 해외여행이 완전 자유화된 지난 1989년을 전후하여 고수익을 얻는 직종이었지만 한해 해외여행객이 1천만 명 이상 출국하는 대중화 시대를 맞아 초저가 여행상품이 판을 치면서 가이드들의 수입이 급격하게 줄어들었다. 무엇보다도 국내 홈쇼핑, 인터넷 쇼핑몰 등의 확산으로 해외 현지에서의 구매력이 떨어져 쇼핑에 크게 기대를 못 하게 됐다. 또한 가족 단위 관광객 등이 크게 증가하면서 구매 주체가 관광객 수보다 크게 낮아지는 것도 쇼핑에 대한 기대를 하지 못하게 하는 요인이 되고 있다.

더불어 언젠가부터 도입된 초저가 여행상품을 현지 가이드가 프로모션 차원에서 직접 행사도 진행하고 자신의 책임 하에 수익을 정산하는 것이 보편화 되다시피 하면서 가이드들의 반발이 일기 시작했다. 가이드들은 한국여행업계가 원가 이하로 송객하는 단체관광객을 안내하면서 각종 옵션과 쇼핑을 유도하고 팁도 아예 정해진 금액을 요구하는 등 무리수를 두는 경우도 있어 관광객과 마찰을 일으킨다.

　이것이 바로 저가여행의 피해다. 이런 것을 피하려면 현지 가이드에 대한 적절한 임금을 지불해야 하며, 무조건 가격을 깎는 여행 상품을 만들지 말아야 한다. 어차피 사람 사는 일이다. 조금 더 웃으면서 이야기하고 마음을 써주면 해결될 일이다. 큰마음 먹고 떠나는 여행인데 마음 편히 즐기다 오려면 약간의 투자는 어쩔 수 없다. 다시 한번 강조하지만 '싼 게 비지떡'이라는 말은 여행업에서 진리이다.

관공서에서
나를 계속 찾는
이유

　대부분 중소여행사나 지방 여행사가 그러하듯 관공서는
매우 큰 고객이다. 한해에도 여러 번의 해외여행이 존재하
고 가격을 특별히 깎거나 무리한 요구를 하지 않기 때문에
선호한다. 과거에는 이런 여행을 유치하기 위해 뒷돈이 오
고 갔다는 이야기가 나올 정도로 지방 여행사들은 관공서
와 손을 잡는 것이 매우 중요한 일이다.
　나 역시도 관공서와 같이 떠나는 여행프로그램을 운영
중이다. 그리고 솔직히 말하자면 많은 공무원들이 나의 여
행사를 다시 찾는다. 그 이유를 말하기 전 먼저 우리 여행사
와 같이 움직인 고객들이 감동하고 또 놀라는 것이 몇 가지
가 있다. 바로 배려다. 해외여행을 갈 때 가장 중요하게 생각

하는 준비물이 있다면 무엇일까?

그 나라의 기후에 맞는 옷도 중요하고, 선크림이나 화장품도 중요하다. 그렇게 따지면 개인별로 준비할 것은 끝이 없어 보인다. 그런데 막상 현지에 도착했는데 정말 중요하거나 필요한 물품이 부족한 상황을 만나는 경우가 허다하다. 우리 여행사는 이런 점에 착안해서 중요하지만 빼먹고 오기 쉬운 물품들을 그냥 무료로 제공한다. 이렇게 한지 꽤 됐는데, 아직도 다른 여행사는 이런 것을 도입 안 하고 있다. 이런 점은 좀 아쉽다.

먼저 단체 여행 때, 해외여행을 간다면 필요한 준비물 중 잊고 오기 십상인 것이 무엇일까. 그것은 바로 사진 찍을 때 단체를 알리기 위한 현수막이다. 우리 여행사에서는 단체로 떠날 시 현수막은 물론 여행 스냅앨범, 동영상까지 촬영을 해 제공한다. 앨범 제작도 아마추어가 하는 것이 아니다. 우리 회사와 협업을 통해 진행 중인 사진관에서 직접 스냅앨범을 제작한다.

여행을 다녀왔더니 떡하니 인쇄된 앨범을 받게 된다면 여행이 더욱 소중하고 기억에 남지 않을까. 아울러 비행기를 탔는데 목베개를 깜빡하거나, 캐리어에 넣고 못 찾는 분들도 종종 심심치 않게 만난다. 이런 사람들을 몇 번 보다 보니 '차라리 그냥 우리가 비행기에서 나눠주자.'란 생각이 들어 여행 가는 고객들에게 목베개를 나눠준다. 또 해외여행을 갔을 때 현지음식으로 고통받는 사람들이 생각보다 많다. 느끼하거나, 특유의 향이나 입맛에 맞지 않은 음식 탓이다. 그래서 우리는 직접 반찬을 만들어 식사 때마다 제공한다.

반찬 종류는 그때마다 다른데 모두가 다 직접 준비한 것들이다. 최근 여행에서는 유기농으로 키운 고추, 직접 만든 낙지 젓갈, 김치 등을 진공포장으로 꼼꼼히 싸서 현지에서 제공하기도 했다. 아울러 장시간 비행이나 비행기에서 신발을 신기 불편한 상황이 생길 수도 있다. 또 여행지에 도착해서도 숙소나 평소에 편하게 신을 신발이 부족할 경우도 많다. 그래서 아예 처음부터 실내용, 물놀이용 슬리퍼를 제공한다.

이밖에 여행 중간에는 현지 과일을 공수해서 간식으로 제공하고 여행지 정보와 여행일정을 한눈에 알아볼 수 있는 여행소책자도 직접 제작해서 배포한다. 그냥 프린터에서 인쇄해 복사한 것이 아니라, 한 권의 책자로 만들어 배포하는 것이다. 이런 배려를 경험한 고객들은 다음 여행에서도 상당수가 다시 우리 여행사를 찾는다.

관공서도 마찬가지다. 나와 한 번이라도 같이 연수한 공무원들은 그다음 여행에서도 우리 여행사를 선택한다. 그것은 그들이 떠나야 하는 이유를 내가 명확히 숙지하고 거기에 맞춰 계획을 짜기 때문이다. 모든 것을 넓게 보고 방향을 제시하면 공무원들은 자신이 맡은 범위에서 최선의 결과를 도출해냈다.

최근 한 관공서의 정책과제 국외 연수를 맡은 적이 있다. 각기 20개 팀을 짜서 해외 연수를 다녀오고 그 후, 연수보고 발표에서 최고 점수를 받은 팀에게 상금을 주는 프로그램이었다. 그중 한 팀이 우리 여행사를 찾아왔다. 나는 그들이 무엇을 원하는지 어떤 것을 볼 것인지, 또 프로그램의 연수 주제가 무엇인지 꼼꼼하게 묻고는 곧바로 직원들과 회의에 들어갔다.

사실 비용으로 따진다면 우리 여행사에 도움이 될 것은 아니었다. 대표가 나설 것까지는 없다는 말이다. 하지만 난 그렇게 생각하지 않았다. 그들이 우리를 택한 것은 누군가의 추천이 있었기 때문이고 나는 여행사의 대표로서 그 추천한 사람의 명예를 지킬 필요가 있었다. 여행의 프로그램은 여러 번 수정을 거쳐 나왔다. 그리고 현지에 인솔자로 내가 동참했다.

우리 여행사의 특징은 현지 사진을 자체적으로 찍는다는 점이다. 여행이 다 끝나고, 나는 현지에서 찍은 사진을 추려 그들에게 전달했다. 보고서를 쓰는 데 도움이 되었으면 하는 바람 때문이었다. 또 여행을 떠나기 전 각종 서류 문제도 도맡아서 처리했다. 공무원들의 해외 연수는 생각보다 제출할 서류가 많다. 그런 작업을 우리 여행사는 도맡아서 처리한다.

아쉽게도 내가 맡은 팀이 1등은 하지 못했다. 20개 팀 중 3등이었다. 그러나 그것만으로도 그 팀은 매우 기뻐했다. 포상으로 국내 여행을 떠나기 전 그들은 나에게 선물을 건넸다. 그리고 많은 공무원이 나를 누나라고 부르기도 한다. 이런 경우가 비단 한두 번이 아니다. 공무원들은 처음에는 까칠하게 보이지만 그것은 그들이 맡은 일 때문이다. 업무를 떠나면 똑같은 이웃이다.

나는 관공서를 상대할 때 원칙이 있다. 시작은 직급자와 하지만 진행은 실무자와 하기 때문에 실무자에게 더 집중한다. 그들에게 필요한 것은 무엇이고 어떤 것을 헤쳐 나가야 하며, 어디로 가야 하는지 함께 고민한다. 그렇기에 나와 같이 떠났던 관공서 공무원들은 나를 여행업자로 생각하지 않고 돌아와서는 같은 팀으로 생각해준다.

돈을 벌기 위해서 사람을 이용하면 안 된다. 사람은 이용하는 대상이 아니라 같이 가는 대상이다. 내가 직원들과 오랜 시간 함께 할 수 있었던 것도 바로 그런 것 때문이다. 지금도 나는 지역 관공서에서 여행을 준비할 때 추천을 받은 부서의 전화를 받는다. 어쩌면 앞으로도 계속 그럴 것이다. 내가 그들에게 해주는 것은 돈이나 어떤 금전적인 것이 아니다.

내 마음이고 정성이며 최선이다. 나는 여행지가 내 일터 사역 장이라고 생각한다. 나누고 섬기는 봉사는 가까운 곳에서부터 실천하여 내게 맡겨진 시간을 동행하는 것이다. 내 분야에서 보여 줄 수 있는 정성과 그것을, 최선을 다해 표현하는 것. 그것이 곧 내 마음이라고 그들이 알아준다면, 거기서 끝이어도 상관 없다는 생각이다. 다행히도 지금까지는 여행업에서, 대부분 다시 나를 찾고 혹은 주변에 추천한다. 내가 잘해서가 아니다. 나를 믿고 따르는 직원들이 최선을 다하고 함께 땀을 흘리기 때문이다. 리더는 앞서가는 사람이 아니라 같이 가는 사람이다. 그리고 나는 같이 가는 게 좋은 사람이다.

나라별 여행지에서
꼭 사야 하는
필수 쇼핑상품

해외여행을 가면 필수적으로 해야 하는 일 중의 하나가 쇼핑이다. 나라별로 그 나라에서만 파는 것이라든가, 국내보다 훨씬 싼 제품들은 그야말로 지름신이 강림하기 마련이다. 그렇다고 이 책에 모든 나라를 다 소개할 수는 없고 최근 몇 년 동안 다녔던 나라에서 내가 직접 구입했던 것이나 타인이 구입한 것들을 기억해 이곳에 옮겼다. 더 많은 나라가 있었지만 일부는 소문보다 실망한 것도 있어서 수첩에 정리한 것들 위주로 올렸다.

이탈리아는 쇼핑의 천국이어서 딱히 무엇이라고 권유하기가 매우 어렵다. 그래도 화장품부터 패션아이템 쪽이 관심을 끌고는 있다. 먼저 'Santa Maria Novella' 크림을 추천한다. 약국 화장품의 원조라 불리는 산타마리아 노벨라는 도미니크 수도회가 1200년대부터 허브와 약초 등으로 제조해오던 천연 화장품 브랜드다. 우리나라에는 배우 고현정이 쓰는 화장품으로 유명세를 타고 있다. 노벨라의 인기 제품은 수분크림인 이드랄리아, 재생크림 크레마 알 폴리네, 장미스킨 아쿠아 디 로제다.

현지에서 구매할 시 우리나라 백화점에 입점한 금액보다 훨씬 저렴한 가격으로 구매할 수 있다. 화장품은 'Kiko'도 괜찮다. 약간 생소할 수도 있으나 유럽 여행의 경험이 있다면 한 번쯤은 들어봤을 만한 브랜드다. 1997년 탄생한 키코는 이탈리아 코스매틱 브랜드로 이탈리아, 스페인, 영국 등 유럽시장을 중심으로 두루 사랑받고 있다. 가격대는 중저가지만 뛰어난 퀄리티를 자랑하며 유행을 리드하는 컬러 또한 신선하고 독특하다.

프로모션으로 진행하는 1~2유로의 매니큐어는 선물용으로 안성맞춤이다. 가격대는 매니큐어류 1~5유로, 립스틱류 3유로, 리무버류 5유로부터다. 팔찌는 'Cruciani'를 추천한다. 우리나라 셀럽들의 여름 액세서리로 잘 알려진 팔찌 브랜드다. 최고급 니트 소재를 사용하며 각각의 모양 별로 다른 의미를 가지는데 행운을 상징하는 네 잎 클로버가 가장 기본 아이템이다. 최근 나라별 국기 색을 모티브로 한 팔찌가 인기를 얻고 있으며 한국의 태극기 모양도 만나볼 수 있다.

이탈리아에서는 한국보다 저렴한 가격에 다양한 종류를 구매할 수 있으며 로마에는 국회의사당 근처에 정식 매장이 있고 코인 등의 뷰티 스토어나 편집 숍 등에서 구매 가능하다. 가격은 5유로부터 만나볼 수 있다. 'Superga'는 신발이다. 프랑스의 벤시몽, 스페인에 빅토리아 슈즈가 있다면 이탈리아에는 수페르가가 있다. '피플즈 슈즈 오브 이탈리아(People's shoes of Italy)'라는 슬로건이 증명하듯 이탈리아 젊은 세대라면 하나쯤은 갖고 있는 국민 스니커즈다. 이탈리아 라이프 스타일 슈즈 수페르가는 부츠라인, 클래식라인, 스터드라인 등 다양한 스타일을 만나볼 수 있다. 스니커즈 평균 가격대는 약 65유로부터다.

'IL PAPIRO'도 추천한다. 일 파피로는 파피루스 종이를 취급하는 고급 문구 전문점이다. 이탈리아의 주요 도시에 체인을 갖고 있으며 이 가게에는 손수 만드는 아름다운 마블지와 수제 노트 등 수많은 아이템을 갖고 있다. 무엇보다 중세시대 영화에서 편지를 쓰고 왁스를 멜팅 스푼에 올린 후 촛불에 녹여 편지를 밀봉하는 씰링 스탬프는 하나쯤 소

장하고 싶은 아이템이다. 가격은 마블링 종이류 3유로부터
며, 씰링 스탬프 세트 16유로부터 35유로까지다.

'Alfonso Bialetti'는 커피를 즐기는 지인에게 선물용으
로도 안성맞춤이다. 떼르미니 지하 1층 코나드(conad) 슈퍼
나 로마 시내 곳곳의 슈퍼에서 저렴한 가격에 쉽게 구입할
수 있다. 커피가 완성되면 멜로디가 나오는 기능의 모카포
트나 유니크한 개성의 모카포트를 갖고 싶다면 본 매장을
방문해보자. 가격은 15유로부터 40유로까지 다양하다.

호주는 가이아 제품군을 추천한다. 호주에서 사가면 좋
은 아이템 1등은 아가용 제품으로 유명한 가이아이다. 아이
가 있는 엄마 또는 친구들에게 선물하기 딱 좋은 제품이다.
예를 들어 임신했을 때 바르면 좋은 베일리 오일 그리고 베
일리 버터는 임산부 선물로 아주 좋다. 호주에선 제품별로
AUD 9~15불 정도 한다.

건강보조제도 유명하다. 호주의 제약산업이 관광사업
보다 더 잘나간다 해도 과언이 아닐 정도로 좋은 약이
많다. 간단히 정리하면 비타민 등 기능별 건강보조제로
'Blackmores' 제품 그리고 'Swisse' 제품이 유명하다. 또
관절에 좋다는 초록홍합 제품이랑 프로폴리스 관련 제품
(치약, 스프레이 등, 특히 치약은 한국에서 1만2,000원, 호

주에선 AUD 4불 정도)도 인기가 많다. 스쿠알렌도 저렴하다. 양 관련 제품도 싸다. 과거엔 호주에 오면 어그 부츠를 사는 것이 아주 당연했다. 양태반크림도 50대 여성들에겐 아주 효과가 좋다.

도마 위생에 관심 있는 사람들은 캄포도마 구입을 추천한다. 무거운 것은 감안하도록. 이 밖에 유기농 화장품도 유명하다. 'Akin', 'Sukin' 제품이 잘 팔린다. 'Bio Oil'도 살 수 있으면 사야 한다. 와인도 꽤 유명하다. 호주에서는 20불 하는 것이 한국에서는 8만 원~10만 원하는 경우도 있다. 전문가들은 'Penfolds bin28 쉬라즈', 'bin128 쉬라즈', 'bin 389 카버네쉬라즈' 등을 추천한다.

또한 일명 기적의 크림이라고 불리는 포포크림! 바셀린과 비슷한 제형의 만능 크림이다. 보습용 밤, 립밤으로의 용도도 탁월하지만 모기나 벌레 물린 곳, 아토피 피부에도 좋은 효능을 보이는 신기한 크림으로 알려져 있다.

대만에서 많이 구매하는 것은 곤약 젤리다. 차게 해서 먹으면 굉장히 맛있는 간식거리인 곤약 젤리는 줄을 서서 구매할 정도로 인기가 많다. 여러 가지 맛이 있지만 개인적으로는 애플망고맛 곤약 젤리를 추천한다. 대만 진주팩도 인기 품목이다. 국내에서 판매되지 않는 제품으로 여러 종류가 있다. 마스크팩 하기 좋게 되어있고 얼굴에 탄력과 리프팅효과도 있어 인기다.

태국은 달리치약, 일명 '흑인치약'이라고 불리는 이 치약이 필수 쇼핑목록이다. 미백 기능이 탁월하기 때문에 붙은 별명이다. 한국보다 훨씬 저렴한 가격으로 구매할 수 있기 때문에 많이 사두는 것이 좋다. 또한 일본 속옷 브랜드인 와코루 속옷의 공장이 태국에 있어 우리나라 가격의 50%에서부터 70%의 가격으로 구매할 수 있다. 쥐포 과자인 벤또, 건망고, 코코넛 칩과 같은 주전부리도 많이 사 가는 품목이다. 또 마사지 천국답게 아로마 용품들도 상당히 저렴하다.

영국에서는 '클락스(Clarks)' 신발을 추천한다. 한국에도 들어와 있기는 한데 50~80% 더 비싸다. 영국에서는 상품에 약간 하자가 있으면 더욱 할인해준다. 조금 더러워 보이면 깎아달라고 하면 깎아주기도 한다. 블랙티(홍차)도 구입품목이다. 영국 하면 홍차의 나라 아닌가. 유명한 포춤 엔 메이슨도 좋지만, 그냥 테스코 같은 큰 슈퍼에서도 질 좋은 홍차를 판다.

마누카 꿀은 오직 뉴질랜드의 청정지역에서만 자생하는 꽃, 마누카에서 추출한 것이다. 그냥 꿀이 아닌 여러 가지 효능이 있어 약용 꿀로 인기 있다. 큰 슈퍼에 가면 저렴하게 판매한다. 유럽에서는 영국에서 가장 손쉽게 구할 수 있다. 브랜드별 최고의 축구화들도 국내에 비한다면 약 20%~50%까지 저렴하게 구입할 수 있다. 한국에 없는 나이키 제품도 제법 인기가 많다. 지하철로 '옥스퍼드 스트리트' 역에서 나오면 런던의 쇼핑거리가 나오는데 거기 교차로 사거리에 유럽에서 가장 큰 나이키 매장이 있다. 건물 전체가 나이키다.

독일은 슈바르츠코프 제품이 인기다. 헤어 젤, 왁스, 스프레이 등 아주 좋은 헤어제품을 저렴하게 판매한다. 독일 대부분의 슈퍼에서 판매하고 보통 2~4유로다. 비달 사순이나 휄라 등의 헤어제품도 싸게 팔아서 독일에서 귀국할 때는 한국 관광객의 가방에 가득 들어있기도 하다. 독일은 또 가방이 싸다. 캐리어든, 가죽가방이든 독일(뮌헨)이 저렴하다. 이탈리아도 저렴하긴 하지만 자세히 비교하면 독일이 더 싸다. 유명한 스포츠용품의 값은 전 세계가 비슷하지만 특히 독일에서는 잘 찾으면 고품질의 저렴한 제품들이 생각보다 많다.

프랑스는 이브 생로랑, 샤넬, 디오르과 같은 명품 화장품이 저렴하지만 상당히 좋은 효과를 갖고 있는 약국 화장품 브랜드들도 정말 많다. 특히 파리 여행을 하는 분들이라면,

몽주 역에 위치한 몽주 약국에 반드시 들러야 한다. 프랑스 내에서 가장 저렴한 가격을 자랑하는 몽주 약국에서는 아벤느 온천수 스프레이, 유리아쥬 립밤, 눅스 멀티 오일을 우리나라의 50% 가격으로 구매할 수 있다. 이외에도 르네 휘테르 샴푸, 달팡 수분 크림도 국내 여행객들에게는 인기며 의류에서는 생 제임스의 스트라이프 티셔츠, 겐조 맨투맨, 라코스테의 피케티, 롱샴 핸드백도 추천 품목이다.

일본은 구역별로 다르긴 한데 미용 분야에서는 사보리노가 인기다. 사보리노를 안 써본 사람은 있어도 한 번만 써본 사람은 없을 것이라는 전설의 팩이다. 한국에서는 가격이 너무 비싸다. 전날 야식이라도 했다면 꼭 아침에 1분 동안 사보리노로 팩을 해보라. 세상이 달라진다고 한다. 또 일본에서 쇼핑하고 온 사람 중에 프랑프랑 밥주걱을 안산 사람은 없다고 한다.

여기에 여행으로 인한 발의 피로감을 없앨 수 있는 휴식 시간, 우리나라에는 몇 개 없는 초콜릿 매장인 로이스 초콜릿은 필수 쇼핑목록이다. 달달한 과일 맥주인 호로요이 맥주, 또한 쇼핑의 메카 우리나라의 다이소와 비슷한 일본의 '돈키호테'에서는 동전 크기의 파스, 시세이도의 뷰러와 클렌징폼을 사는 것도 잊지 말자. 이자벨 마랑, 샤넬, 지방시

등의 명품은 우리나라보다 20% 저렴한 가격에 살 수 있다.

하와이에서는 의류 쇼핑이 대세다. 폴로, 타미힐피거, 갭, 크록스, 코치와 같은 미국계 의류 브랜드를 프리미엄 아웃렛에서 상당히 저렴한 가격에 구매할 수 있다. 간식류로는 마카다미아 너트, 코나 커피, 호놀룰루 쿠키 등이 잘 팔린다.

싱가포르는 찰스앤키이스로 통한다. 국내도 매장이 늘어가고 있는 가방 회사로, 부담스럽지 않은 저렴한 가격대가 매력이다. 특히나 싱가포르에서 사면 저렴한 것이 아니라 말 그대로 그냥 싸다. 매장 찾기도 거의 편의점급이라 지나가다 보이면 밥 한 끼 안 먹고 가방 2개를 사 올 수 있다.

마카오는 육포와 에그타르트다. 이거면 된다. 될 수 있으면 많이 사 오는 게 좋다. 그래도 적게 사 왔다고 후회하게 된다.

CHAPTER
04

네 번째 장 추천하는
국내
여행지

국내도 아름다운 여행지가 많다. 어쩌면 사실 해외 여행지보다 국내 여행지에 더 무심할
수도 있다. 가까이 있다는 이유 때문이다. 국내 여행은 일단 말이 통하고, 정서가 맞으며,
음식에 대한 불편함이 없다는 점에서 매우 매력적이다. 무엇보다 아름다운 우리 강산의
모습을 직접 체험하고 그 속에서 다양한 감정을 느낄 수 있다는 점에서 적극적으로 추천
한다.

2018년엔 무조건
전라도로 떠나자!

2018년은 전라도 정도 천년이 되는 해다. 이에 따라 광주광역시, 전라북도, 전라남도 등 3개 지역이 관광객 유치를 위해 다양한 사업을 개최했다. 일단 주된 계획은 △전라도 이미지 개선 △문화관광 활성화 △대표 기념행사 △학술문화행사 △문화유산 복원 △랜드마크 조성 △천년 숲 조성 등 7대 분야 30개 사업이다.

전라도의 역사가 벌써 천년이다. 물론 그 이전에도 있었던 지역이지만, 전라도라는 이름으로 무려 천 살을 먹은 것이다. 전라도는 고려 현종 9년(1018년), 지금의 전북 일원인 강남도와 전남, 광주 일원인 해양도를 합치고, 전주와 나주의 앞글자를 따 '전라도'라고 불리게 됐다(대부분은 다 아는 사실이다). 경상도(1314년), 충청도(1356년), 경기도(1414년) 등 국내 다른 행정구역이 생긴 시기와 비교하면 전라도가 가장 일찍 생겨 맏형인 셈이다.

지난 천년 전라도는 삼별초항쟁, 동학농민혁명, 의병항쟁, 5·18민주화운동 등 나라가 위기에 처했을 때마다 결연히 일어나 역사의 물줄기를 바로 잡았던 의향이었다. 또 넓은 평야와 바다 덕분에 16세기 가장 많은 인구가 살았던 경제와 문화의 중심지이기도 했다. 이에 3개 시도는 2018년을 '전라도 방문의 해'로 정하고, '전라도 관광 100선'을 확정, 홍보활동을 펼치고 있다.

'전라도 천년 테마 여행상품'과 '모바일 스탬프투어'도 지난 3월부터 본격 운영하고 있다. 미래 잠재 관광객인 국내외 청소년들에게 전라도 문화와 역사를 알리는 '청소년 문화 대탐험단'을 운영하고, '국제 관광콘퍼런스'도 개최한다. 또 다양한 문화예술 행사와 전라도의 미래 비전을 기획하는 학술행사도 열린다. △전라도 천년 명품 특별전 △광주비엔날레 특별전 '천년의 꿈' △광주시립창극단 특별공연 △전북도립미술관 전라 밀레니엄전 △전라도 미래천년 포럼 △전북도립국악원 '전라 천년' 특별공연이 잇따라 열린다. 볼거리가 넘쳐나는 것이다.

문화유산 복원 사업도 활발히 추진된다. 전라남도는 오는 2024년까지 635억 원을 들여 나주 성북동·금남동 일원에 나주목 관아와 나주읍성 등을 복원한다. 사대문과 나주향교, 읍성공원, 성벽·동헌 정비와 연계한 다양한 전통도시 체험공간도 들어선다. 광주광역시는 문화 역사적 가치가 높은 광주 대표 누정인 희경루를 중건하고, 전라북도는 전주 완산구 중앙동 일원에 1896년까지 전라남·북도와 제주도를 통할하는 관청이었던 전라감영을 복원한다.

전라도 천년을 상징할 랜드마크도 조성된다. 전라남도는 나주 영산강 일원 5만㎡의 부지에 테마별 '천년 정원'을 조성할 예정이고 광주광역시는 구도심인 금남로·충장로·광주공원 등지에 경관 문화관광 거점인 '천년의 빛 미디어 창의파크'를 조성한다. 전라북도는 전주 구도심 전라감영 일대에 현대적 밀레니엄 공간으로 '새천년 공원'이 들어선다. 여행업자로서는 이런 멋진 기회를 놓칠 수가 없다. 특히나 전라남도는 국내 여행 대표 관광지로 사랑받아 왔다. 매년 문화마케팅 연구소가 전국 229개 광역 및 기초지자체를 대상으로 8개 분야에 걸쳐 평가하고 선정하는 '트래블아이 어워즈'에 전라남도를 비롯해 6개 시·군이 수상했다.

전라남도는 광역지자체 지역호감도 부문 우수기관으로

뽑히기도 했다. 기초지자체 지역호감도 부문 최우수와 우수를 여수시, 순천시가 석권했고, 관광시설 공공부문 최우수에 곡성군, 관광시설 재단부문 최우수에 강진군이 올랐다. 음식부문 최우수는 구례군이, 축제부문 중 봄 축제 최우수에는 광양시가 수상의 영예를 차지하기도 했다. 그러나 여기만 둘러보기에는 너무 아쉽다. 담양, 신안, 장흥, 완도, 고흥, 영광도 놓칠 수가 없다.

특히 신안군은 해양 스포츠가 꽃을 피우고 있다. 구태여 외국까지 나가 즐길 필요가 없는 것이다. 영광은 또 어떤가. 국내의 모든 성지가 여기 다 모여 있다. 그야말로 성지순례의 고장이다. 백수해안도로의 정취는 두말할 것도 없다. 안 봤다면, 꼭 봐야 한다. 솔직히 노을 지는 영광 백수해안도로를 못 보고 대한민국에서 살아간다는 것은 안타까운 일이라는 생각까지 든다.

우리 여행사도 정도 천년에 맞춰 다양한 상품을 마련했다. 일단은 '고향 방문의 해'라는 캐치프레이즈를 걸고 호남 향우들이 정도 천년을 맞은 전라도를 방문하도록 권유하고 있다. 친구, 동문, 직원들과 같이 떠날 수 있는 프로그램도 이미 마련돼 있다. 가격은 3만 원 당일치기부터 10만 원 미만의 1박 2일 프로그램까지 다양하다. 고흥에서 회를 먹어보지 않고, 담양에서 대통술을 마셔보지 않으면 어찌 전라도를 여행하러 왔다고 하겠는가.

지자체별로도 다양한 지원 프로그램이 있다. 인센티브는 여행사가 가져가는 것이 아니다. 적은 비용으로 방문객이 더 많은 프로그램을 즐길 수 있도록 되돌아간다. 물론 그렇지 않은 여행사도 있겠지만, 적어도 우리 여행사는 그럴 예정이다. 그런 면에서 전남지역 지자체의 지원은 생각보다 쏠쏠하다. 같은 값이어도 예년과 달리 한 가지라도 더 즐길 수 있기 때문이다. 참가하는 사람이 많으면 많을수록 프로그램의 질은 높아질 수밖에 없다.

기차 여행으로 남도를 방문하는 것도
여행의 묘미를 마음껏 즐길 수 있는 방법이다

자랑이지만 내가 운영하는 여행사는 전남지역 여행사 중 코레일 기차여행 전담 여행사다. 당연히 기차프로그램에 강하다. 여기에 광주광역시·전남도·전북도가 '전라도 정도 천년'과 '2018 전라도 방문의 해'를 맞아 호남지역 3개 코레일 지역본부와 업무협약을 체결했다.

이번 협약은 전라도를 방문하는 코레일의 철도자유여행상품에 다양한 혜택을 부여해 전라도 방문을 유도하고

'2018 전라도 방문의 해'를 홍보해 전라도 방문 붐을 조성하기 위한 것이었다. 주요 협약 내용은 전라도 방문의 해 기념 철도자유여행상품 '전라도 하나로' 출시 및 홍보, 철도 자유 여행상품 활성화를 위한 인센티브 지원, 전라도 관광산업 활성화를 위한 인프라 지원 및 정보 공유 등이다.

전라도 3개 시·도는 이와 함께 '천년 명품여행상품'이라는 타이틀로 다채로운 전라도 여행상품을 구성하고 있다. '천년 명품여행상품'은 총 8개의 테마로 31개 상품을 선정해 운영한다. 지난해 선정한 전라도 대표관광지 100선을 활용해 전라도 천년의 역사와 문화가 살아 숨 쉬는 장소에서 전라도만의 맛, 흥, 힐링까지 모두 즐길 수 있는 프로그램으로 구성한다. 당연히 이 모든 프로그램을 우리 여행사에서도 다양한 방법으로 즐길 수 있도록 준비했다.

낭만적인 여행이라면 뭐니 뭐니 해도 기차여행이 아니겠는가. 김밥은 기차에서 먹어야 제맛이다! 어쩌면 나와 같이 떠난다면 김밥이 아닌 더 맛있는 도시락이 기다리고 있을 수도 있다. 남도의 풍광을 덜컹거리는 기차 차창으로 바라보며 사계를 즐기는 것, 이것은 대한민국에서 태어난 사람에게 우선적으로 주어지는 특전이다. 그러니 2018년에는 두말할 것도 없이 무조건 '전라도'로 떠나자!

무안군 은 수학여행단에 추가 인센티브를 지원한다. 30명 이상의 수학여행단이 무안연꽃축제, 황토갯벌축제장으로 안내하면 1인당 2,000원을 지원받을 수 있다. 또 내국인 1박 이상 숙박 지원금도 7,000원에서 8,000원으로 늘렸고 무안공항과 크루즈 활성화를 염두에 둔 인센티브도 내놓았다. 5명 이상의 외국인을 무안공항과 국제크루즈를 통해 무안으로 데려오면 1인당 5,000원의 보너스를 추가로 지원한다. 영광군은 여행사에 지급할 관광객 유치 인센티브로 지난해(1,500만 원)보다 500만 원 늘린 2,000만 원을 확보했다. 지난해 인센티브로 유치한 관광객은 3,227명으로 1,614만 원의 지원금을 썼다.

담양군 도 지난해(1,500만 원)보다 늘어난 2,000만 원을 관광객 인센티브 예산으로 확보했다. 담양군은 인문학 투어(내·외국인, 수학여행단 20명 이상), 전세버스 관광객(외국인 15명 이상) 외에 외국인 여행객의 웨딩촬영지로 담양을 안내해도 인센티브를 지급한다. 외국인 커플이 2박 3일 머무르며 웨딩촬영을 하게 되면 30만 원, 3박 4일 일정이면 50만 원을 지급한다. 이외 화순군은 수학여행단의 경우 30명 이상, 외국인은 20인 이상의 관광객을 데려와 관광지 1곳과 음식점에 들러 식사를 하도록 안내하면 당일치기 여행에도 버스 1대당 하루 12만 원(수학여행단)~20만 원(외국인)을 지원한다.

구례 는 내국인 관광객 25명, 외국인 관광객 25명, 수학여행단 50명 이상을 대상으로 인센티브를 지급한다. 신안군은 섬 관광 활성화를 위해 △갯벌·천일염·슬로시티를 소재로 한 상품 △성지순례 △자전거·트래킹, 세일요트 상품 △권역별 섬 여행 등 7개 테마에 인센티브를 제공하는 공모를 진행 중이다. 이밖에 간략하게 광주·전남지역 여행지를 소개하자면, 광주에서는 국립광주박물관·국립광주과학관, 국립 5.18민주묘지, 1913송정역시장, 양림동 역사문화마을과 펭귄마을, 5·18자유공원, 광주비엔날레 등 역사와 문화의 향기를 엿볼 수 있는 건물과 전시관이 있다. 또 호남의 대표 명산인 무등산국립공원과 증심사, 문흥동 메타세콰이어나무와 맥문동숲길 등 경치가 아름다운 곳도 볼만하다.

전남 은 3, 4월 봄에는 여수 오동도·금오도비렁길·향일암, 구례 지리산 노고단과 산수유마을·슬로시티인 완도 청산도, 장성 축령산 편백나무숲, 정남진 편백숲우드랜드, 보성 녹차밭과 철쭉 군락지를 낀 제암산휴양림 등을 가봐야 한다. 담양 소쇄원과 가사문학관·메타세콰이어길, 광양매화마을, 매화꽃과 벚꽃이 흐드러지게 피는 순천 조계산 선암사와 송광사, 강진 다산초당과 백련사, 구례 화엄사도 아름답기 그지없다.

전북 의 경우에는 부안 변산반도국립공원과 내소사, 순창 전통고추장마을, 단풍명소인 강천산 군립공원, 무주구천동 33경, 완주 대둔산 국립공원, 진안 마이산 도립공원과 진안홍삼스파, 정읍 내장산 국립공원, 전주 덕진공원, 군산 고군산군도의 선유도, 고창 고인돌박물관 등이 여름과 가을에 가기 좋다. 국내는 물론 해외에서 온 여행객들에게 인지도가 높은 전주한옥마을 방문은 필수다. 봄에 눈길을 끄는 관광지는 지리산 바래봉 및 그 주변의 남원 백두대간 생태 관광벨트, 광한루원, 산벚꽃이 흐드러지게 피는 김제 금산사, 붉은 철쭉꽃이 피는 고창읍성 등이다.

남도권역

전라남도 지역은 여행지로도 유명하지만, 맛있는 음식이 더 메인이다. 음식 맛 지도를 그려서 다녀도 일주일을 다녀야 할 정도로 먹을 곳이 많다. 사실 전라도는 가게에서 파는 흔한 국밥 하나도 그 맛이 새롭다. 먹는 것을 좋아하는 사람들이라면 각오하고 여행을 다녀야 한다. 일단 시작하면 멈출 수가 없기 때문이다. 지자체의 관광에 대한 열의도 대단하다. 계절 시즌마다 이벤트를 만든다.

'남도여행 으뜸상품'은 전국 여행사를 대상으로 남도문예 르네상스, 종교순례, 박람회, 농산어촌 체험 등 4개 주제로 공모했으며 29개 여행상품이 응모되어 이 가운데 15개 여행사, 18개 상품이 선정됐다. 여행사가 고른 여행지니 일단 검

증은 된 셈이다. '남도여행 으뜸상품' 내역 및 운영 여행사는 남도여행길잡이(www.namdokorea.com)에서 확인할 수 있으며 각 여행상품은 운영 여행사에 문의하면 된다.

슬로시티를 만나자
담양 창평, 신안 증도, 완도 청산도

담양군 창평면은 지난 2007년 신안 증도, 완도 청산도 등과 함께 아시아에서 처음 슬로시티로 지정되어 관광객들의 발길이 이어지고 있다. 등록문화재 265호로 지정된 돌담 중심으로 느긋하게 트래킹을 즐길 수도 있다. 슬로시티 방문자 센터나 창평면사무소 앞 달팽이가게에서 자료를 얻은 뒤 출발해도 좋다. 창평현문에서 들녘을 지나면 마을 돌담이 나온다. 여기에는 고재선 가옥이 있는데 창평은 500여 년 동안 고 씨 집성촌을 이뤄온 곳이라 고재선 가옥 외에 서쪽 골목으로 고정주 고택, 고재환 가옥 등 옛집이 즐비하다.

마을을 여행하는 방법은 여러 가지가 있는데, 걷기 좋아하는 이들은 이야기 길을 걷는다. 3~4시간 동안 슬로시티를 넓고 크게 돌아본다. 또 창평은 쌀엿과 한과가 유명하다. 오색오미 오방엿, 모녀삼대쌀엿공방에서는 쌀엿 제조 과정 견학이나 쌀엿 늘리기 체험 등을 예약제로 운영한다. 창평엿은

쌀로 만들어 이에 붙지 않는다. 수제 막걸리 만들기나 야생화 효소 담그기, 밀랍으로 꿀초 만들기, 한지 공예와 다도 체험 등도 할 수 있다.

완도 청산도는 최근 5년간 갈수록 인기를 끌고 있는 여행지다. 느림의 미학, 삶의 쉼표가 필요한 여행자들에게는 최적이다. 청산도는 완도항에서 배를 타고 50분 정도 가야 만날 수 있는 섬이다. 자연경관이 아름다워 예로부터 청산 여수(青山麗水)라고 불리기도 했으며, 신선이 노닌다 해 선산(仙山), 선원(仙源)이라고 불렸다. 청산에는 빠르게 이동할 필요 없이 걷는 것 자체로 자연을 느낄 수 있다. 청산도의 봄은 원색의 연회장이다. 여기서 사람들이 필수적으로 찾는 곳은 서편제 촬영지로 봄이면 돌담길 옆 유채꽃이 푸르다. 4월이 피크다.

덧붙여 청산도의 100리 슬로길은 천천히 걷는 길이다. 해설가가 탑승하는 투어버스도 있다. 완도 자체도 볼거리가 많다. 완도는 다양한 매력이 있는 여행지로 남도의 기후를 받아 온대기후를 나타내고 있으면서도 아열대 식물 등이 자라 이국적인 정취를 느낄 수 있다. 전라남도를 대표하는 여행지로도 불린다. 완도 청해포구촬영장은 각종 영화나 드라마의 촬영지로 유명하다. 완도타워도 들려보자. 타워전망대에서는 청산도, 보길도, 노화도, 소안도 등 주변 섬을 한눈에 볼 수 있으며, 날이 맑은 날에는 제주도, 거문고까지 볼 수 있어 그야말로 남도의 절경을 편리하게 즐길 수 있는 곳이다. 완도타워는 주로 아침 해돋이를 보거나, 아니면 일몰 때 방문하면 좋다.

나에게 특별한 지역은 신안 증도이다. 그곳의 우전리 해수욕장! 40㎞를 끼고 돌면 엘로라도 리조트가 있다. 그곳은 내가 땅을 팔 때부터 100% 분양할 때까지 분양총괄 이사였다. 처음 그 땅을 밟을 때 발바닥의 뜨거운 기운을 잊을 수 없다. 내가 여행사를 시작하게 된 첫 계기가 신안군 증도이다. 신안 증도 역시 전남의 슬로시티 중 하나다. 염전으로도 익히 알려진 섬으로 노을이 질 때쯤의 태평염전 길은 옛 드라마의 한 장면이 절로 떠오른다.

태평염전 전체가 근대 문화유산으로 등재되었다. 국내 생산되는 천일염 가운데 6%가 이곳에서 나온다. 태평염전 길 끝자락에는 소금박물관과 염전체험장이 있다. 소금박물관은 초창기 창고로 쓰던 곳을 박물관으로 단장했다. 소금 아이스크림도 맛볼 수 있고 소금의 역사와 세계의 소금 등을 살펴볼 수 있다. 박물관 옆 체험장에서는 장화를 신고 고무래로 대파질을 하며 소금이 만들어지는 과정에 참여할 수 있다.

염전체험장 건너편은 염생식물원이다. 함초, 칠면초, 나문재 등 소금기 많은 땅에서 자라는 식물을 만날 수 있다. 또 증도는 유네스코 생물권보전지역으로도 승인된 곳이다. 갯벌도립공원은 우전 해변에서 화도까지 광활하게 연결된다. 물이 빠지면 짱뚱어, 농게, 칠게 등의 향연이 펼쳐진다. 소금밭전망대도 사람들이 많이 들르는 곳이다. 이곳에 오르면 염전과 식물원이 한눈에 들어온다. 바둑판처럼 연결된 소금밭 너머로 바다가 넘실대는 광경을 한눈에 볼 수 있다.

지역별로 직접 떠나보자
여수, 해남, 화순, 장흥, 순천, 보성, 고흥, 구례, 나주, 신안 섬 여행

여수는 '여수 밤바다'라는 노래로 인해 폭발적으로 젊은 관광객들이 많이 찾는 곳이다. 여수는 언제 가도 좋지만 겨울에는 겨울만의 풍광이 있어 내국인은 물론, 외국인 여행자들도 이 계절에 자주 찾는 곳이다. 거북선대교 인근에는 하멜등대와 하멜기념관 해양공원이 자리 잡고 있다. 특히 여수 해상 케이블카에서 바라보는 거북선대교의 야경이 무척 아름답다. 거북선대교를 사이에 두고 오동도와 아쿠아플라넷, 고소동 천사벽화마을 등 이동할 수 있어 여수 여행에서 빼놓을 수 없는 핫플레이스다.

　박물관 여행도 즐길 만하다. 향일암도 매년 새해가 되면 많은 여행자들이 찾고 있는 여수 명소로 알려져 있다. 고소동 벽화마을은 최근 SNS에서 핫플레이스로 등극한 여행지이다. 지금은 진남관부터 고소동언덕을 지나 여수해양공원에 이르기까지 고소동 일대 담벼락에 벽화를 채우고 있는데, 이곳의 길이가 1,004m라서 천사벽화골목이라고 불리고 있다. 이밖에도 여수에는 아쿠아플라넷, 미남크루즈, 낭만포차 등 가볼 만한 여행지도 많다. 먹거리도 풍부하다. 여수는 바다에서 생산되는 해산물로 유명한데, 그중에서도 새조개가 별미다. 또 여수 갓김치와 양념게장은 가면 꼭 구입해 오는 먹거리 오브 먹거리다.

　해남은 우리나라 최남단에 위치한다. 완도와도 가까워 완도를 보고난 뒤 해남을 돌아보는 것도 좋다. 온화한 기후뿐만 아니라 다채로운 볼거리가 가득해 1년 365일 언제 찾아도 즐거운 곳이다. 먼저 황산면에는 우항리 공룡화석자연사 유적지가 있다. 공룡테마파크에서는 진품 화석 등 447점의 전시물 등 다양한 시설을 갖추고 있다. 명랑노도는 해남의 관광 8경 중 한자리를 차지하는 명소이다. 임진왜란 당시 명량대첩의 장소였던 울돌목 인근에 조성된 여행지이다. 두륜산 자락에 자리를 잡은 사찰 성도암도 가보자. 이곳은 완도와 완도 앞바다를 비롯해 남도의 아름다운 섬들을 한눈에 볼 수 있는 장소로 유명하다. 성도암을 오르는 산자락에는 남도의 산채음식을 판매하는 맛집이 많아 맛있는 남도 음식을 즐기기에도 손색없는 여행 코스로 자리 잡고 있다.

두륜산 케이블카는 대흥사 옆에서 출발해 두륜산 고계봉까지 이어진 남도 케이블카이다. 두륜산에는 사적 제508호에 지정된 대흥사도 만날 수 있다. 삼국시대에 지어진 이곳엔 다양한 문화유산을 만날 수 있다. 땅끝마을 사구미해변도 볼거리다. 이곳은 백사장이 길고 낙조가 유명한 바닷가이다. 해남윤씨 녹우당도 대표하는 해남의 여행지이다. 해남윤씨 중 고산 윤선도가 살았던 집으로 전라남도에 남아있는 민가 중 가장 오래되고 규모가 크다. 해남 오시아노 관광단지의 매월리 등대는 낙조로 유명하다.

화순은 봄과 가을이 매우 좋다. 그중에서도 가을을 추천한다. 화순은 동쪽으로 곡성과 순천, 서쪽으로 나주, 남쪽으로 보성, 장흥과 맞닿아 있고, 북쪽으로는 광주광역시와 담양 등에 인접한 전라남도 여행의 중심지이다. 일단 이곳을 오면 화순 8경은 꼭 봐야 한다. 방랑시인 김삿갓(김병연)도 방랑을 멈추고 이곳에서 생을 마칠 정도로 인상적인 이곳은 85년 동복댐 준공으로 25m 정도 수몰되었으나, 지금은 호수와 함께 더욱 아름다운 풍경을 선사하고 있다. 다만 적벽을 보기 위해서는 사전에 예약이 필요한데, 화순군청 홈페이지 '적벽투어' 예약서비스를 통해 인터넷으로만 예약이 가능하다.

화순은 우리나라에서 고인돌을 많이 찾아볼 수 있는 지역이다. 특히 도곡면과 춘양면 일대에는 무려 고인돌 596여 기가 분포하고 있다. 2000년 유네스코 세계문화유산에 등재된 고인돌 유적지가 바로 그곳이다. 광주와 화순을 대표하는 명산인 무등산에는 규봉암을 만날 수 있다. 세량지는 해외에서 더욱 유명한 여행지이다. 미국 CNN이 2012년 '한국에서 가봐야 할 곳'에 선정한 이곳은 봄철과 가을철 특히 아름다운 풍경을 뽐낸다. 세량지 인근에는 산벚꽃나무가 많은데, 봄가을로 물안개가 피어오르며 벚꽃잎과 단풍이 펼치는 장관은 화순을 방문하는 충분한 이유가 된다.

장흥은 산과 들, 강과 바다를 모두 품은 청정지역으로 가족 힐링 여행지로 주가를 높이고 있는 곳이다. 언제 가도 좋은 곳이지만 2018년에는 꼭 한번 들러야 할 곳이다. 전라도 정도 천년을 맞아 다양한 축제들이 준비되어 있기 때문이다. 체육대회를 제외한 순수한 관광 축제만으로 보자면, 5월 6일 철쭉을 배경으로 한 제암산 철쭉제를 개최한다. 이때쯤이면 전국의 사진작가들이 우르르 몰려오는 시기이기도 하다. 어디에다 카메라를 들이대도 인생사진을 높은 확률로 건질 수 있다. 제암산의 연분홍 철쭉의 향연과 함께, 전국 최초 청정해역특구로 지정된 득량만에서는 키조개축제가 봄철 미식가의 입맛을 자극한다.

또한 장흥 하면 첫 번째로 떠오르는 축제인 정남진장흥물축제도 빼놓을 수 없다. 정남진장흥물축제는 이제 대한민국 여름축제 최강자의 위치를 굳혔다는 평가를 받고 있다. 10월은 억새가 절정에 이르는 계절이다. 당연히 장흥군 천관산 정상(723m) 억새평원에서 '제25회 천관산 억새제'가 개최된다. 천관산 억새는 다도해의 풍광과 기암괴석이 절묘한 조화를 이루고 있어 전국에서도 으뜸으로 손꼽힌다. 호남 5대 명산 중 하나인 천관산은 연대봉에서 구정봉까지 능선을 따라 10리 길이 억새로 넘실댄다.

순천은 자연과 생태정원을 기반으로 전국 최초 국가정원 1호, 세계 5대 연안 습지인 순천만 등 유명한 관광지를 보유하고 있다. 봄꽃축제는 플라워 파티 퍼레이드쇼, 뮤지컬, 애니메이션 OST 콘서트, 감성콘서트 등 문화예술 프로그램을 준비했다. 봄의 특성을 최대한 살려 튤립, 벚꽃, 철쭉, 유채, 장미 등 1억5,000포기의 꽃망울을 틔운다. 여름에는 정원과 물이 함께하는 물빛축제가 열린다. 물빛축제의 또 다른 매력은 야간 경관 조명이 아름다운 국가정원을 수놓는다는 것이다. 순천만으로 유명한 순천의 가을은 갈대가 주인공이다.

가을에 열리는 정원갈대축제는 펌프킨 플라워 퍼레이드, 7080 콘서트, 폴인 어쿠스틱, 포스트맨 등 문화공연이 함께한다. 국화, 꽃무릇, 억새, 코스모스 연출로 가을 정취도 수놓는다. 겨울의 낭만 별빛축제는 산타&스노우쇼, 3D파사드, 어린이 뮤지컬, 마리오네트 인형극, 마술 공연과 수만 개의 별빛이 국가정원으로 쏟아진다. 이밖에 600여 년의 역사와 전통 민속문화가 살아 숨 쉬는 낙안읍성은 조선시대 조상들의 삶의 모습이 고스란히 담겨있어 관광객들의 필수코스로 자리 잡았다. 실제 이곳은 228여 명의 주민이 직접 거주하며 관광객들이 민속문화를 체험할 수 있도록 민박집을 운영하는 곳도 있다.

보성은 북으로는 푸른 산맥을, 남으로는 득량만 바다를 안고 있어 대한민국 남도의 역사와 문학의 향기를 고스란히 안고 있는 예술의 고장이다. 태백산맥과 서편제 등 문학작품의 주 무대가 되기도 했던 곳으로 보성 벌교터미널 뒤편에서 조정래 태백산맥 문학관을 만날 수 있다. 태백산맥 문학관은 소설 '태백산맥'의 첫 시작인 현 부잣집과 소화의 집이 있는 제석산 끝자락에 자리 잡고 있다. 태백산맥 문학관을 나오면 바로 소설 속에 등장했던 소화의 집, 윤 부자네 집을 만날 수 있다. 또 벌교읍 쪽으로 가면 소설 태백산맥에 나오는 '남도여관'인 '보성여관', 일제 수탈의 근거지였던 '옛 벌교 금융조합'도 볼 수 있다. 벌교를 벗어나 득량만을 끼고 율포 해변에서 동으로 달리다 보면 멀지 않은 곳에 비봉공룡화석지가 있다.

보성 하면 빠질 수 없는 것이 녹차다. 전국에서 가장 전통 깊고 넓은 녹차 재배지로 각종 영화와 드라마, CF의 배경이 된 곳이다. 가장 큰 규모를 자랑하는 대한다원을 들어서는 길에는 웅장하게 늘어선 메타세쿼이아 길을 지나게 되며, '소리의 고장' 보성을 상징하는 '득음정'도 들를 수 있다. 대한다원에서 산책로를 따라 전망대까지 오르면 넓게 펼쳐진 보성 앞바다 득량만을 감상할 수 있다. 인근에 '한국차박물관'이 있어 녹차에 관한 더욱 자세한 정보도 얻을 수 있다. 겨울에는 보성 차밭 빛축제가 겨울밤을 반짝인다.

고흥은 최근 수학여행지로 각광을 받고 있다. 바로 나로호 때문이다. 그래서인지 고흥우주항공축제는 2018년 전라남도 대표축제로 2년 연속 선정되기도 했다. 고흥우주항공축제는 지난 2017년 대표프로그램인 BigBang3를 처음으

로 실시하면서 관광객들의 큰 호응을 얻었다. 이밖에 80여
종의 우주항공 전시·체험 프로그램도 짜임새 있게 구성되어
관광객을 맞이했다. 또한 세종대관광산업연구소와 컨슈머인
사이트가 공동기획·발표한 여름휴가 여행지 종합만족도에
서 고흥군이 국내 2위로 뽑히는데 우주항공축제가 주요 요
인으로 작용한 것으로 분석된다.

　고흥 밤하늘의 별을 선명하게 관측할 수 있는 고흥우주
천문과학관까지 둘러보고 온다면 완벽한 고흥여행이 된다.
이밖에 역면 소재지 일원에 지역의 특화된 먹거리를 활용한
음식테마거리가 운영되고 있다. 또 고흥은 국내 최대 커피생
산지로 음식테마거리 인근에 위치한 고흥커피사관학교, 산
티아고커피농장, 커피마을 등의 커피농장에서는 커피 묘목
심기, 핸드드립 체험 등 커피의 생육부터 한 잔의 커피가 만
들어지는 전 과정을 직접 체험할 수 있다.

남도 섬 여행

남도 섬 여행은 일단 신안부터 시작해야 한다. 신안은 전남에서도 남서부 해역을 이루고 있는 이른바 남해를 품에 안고 있는 지역이다. 여기에는 유인도 73개, 무인도 800여 개의 섬으로 이뤄져 있다. 서해와 남해의 풍경을 고루 갖추고 있어 다양한 예능프로그램에서도 자주 나오는 곳이다. 먼저 가거도는 우리나라 갯바위 5대 지역 중 한 곳으로 꼽히고 주변 해역의 수심이 깊고 어종이 다양해 낚시꾼들이 4계절 다 찾는 곳이다.

증도면에 있는 섬인 병풍도는 오염되지 않은 갯벌을 만날 수 있는 곳이다. 목포에서 약 26㎞ 떨어져 있으며 보기 섬과 신추도가 방조제로 연결되어 있다. 인간의 손때가 많이 묻지 않아 풍경 역시 아름답고 깨끗하다. 병풍도의 북쪽 끝 해안선 절벽은 병풍바위라고 불릴 정도로 병풍과 유사하다.

한국에서 유일한 모래언덕(사구)을 가진 섬 우이도는 그 이름처럼 섬의 형상이 황소의 귀처럼 생겼다 해서 소구섬, 우개도, 우이도라고 불리게 된 섬이다. 이곳 주변으로는 스물일곱 개나 되는 섬이 군도를 이루고 있어 우이군도라고도 불린다. 안좌도는 신안군 14개 읍면의 중앙에 위치한 곳으로 김환기 화가의 고향으로 잘 알려진 곳이다. 안창도의 '안'과 기좌도의 '좌'를 합해 안좌도라고 이름이 붙여졌는데, 주변으로 유인도 10개, 무인도 53개로 이뤄져 있다.

그 외에도 많은 섬들이 있지만 마지막으로 소개하고 싶은 곳은 임자도다. 국내에서 가장 긴 명사 30리의 끝이 보이지 않는 모래가 하얗게 펼쳐진 대광해변이 있는 임자도는 이 해변에서 말을 타고 달려보는 해변 승마체험을 즐길 수 있다는 것만으로도 꼭 가봐야 할 곳이다. 임자도는 예부터 전라도 3대 파시로 명성을 날렸던 곳으로 여전히 새우젓과 민어, 병어 등의 주산지로 유명하다. 드넓은 모래땅에는 전국 생산량의 60%를 차지하는 대파가 있어 눈이 오는 겨울에도 임자도는 온통 푸르르다. 여기에 기독교 성지 순례지로도 중요한 위치에 있다.

코스 짜기 힘들면 그냥 버스 타자
남도 한 바퀴

먹을 곳 많고 볼 것 많은 전라남도 여행의 코스 짜기가 힘들다면 구석구석을 버스로 편하게 여행하는 '남도 한 바퀴'를 추천한다. 각 군 권역별로만 운행되는 시티투어와 달리 '남도 한 바퀴'는 담양과 곡성, 보성과 벌교, 장흥 등 서로 인접한 관광지를 한 코스로 묶어 훨씬 효율적이고 풍성한 여행을 만들어준다. 2018년은 주중 11개 노선 주말 9개 노선, 1박 2일 4개 노선(1개는 2박 3일) 등 아주 다양한 코스들이 준비되어 있다.

코스에 따라 특정 지역은 매일, 일부는 주말마다 운행한다. 버스를 타고 한 번에 주요 관광지들을 두루 섭렵할 수 있으니, 이곳저곳 거쳐야 하는 번거로움 없이 편하게 다닐 수 있다. 또 투어 버스가 기차역과 버스터미널에서 출발하기 때문에 이용하기 편리하다. 내일로 티켓을 이용한 기차 여행자라면 더욱 눈여겨볼 필요가 있다. 기차가 닿지 않는 곳들도 '남도 한 바퀴'를 통해 모두 느낄 수 있기 때문이다.

여기에 다 함께 움직여야 하는 패키지나 단체 여행과는 다르게 '남도 한 바퀴'는 자유 투어로 진행된다. 따로 인솔자가 없어 관광지마다 자유롭게 관람하고, 정해진 시간까지 버스에 타면 된다. 버스요금 외에 관광지 입장료나 식비는 개별 부담이다. 여행사에서 갈 때 같이 움직이는 경우도 있다. 문화해설사가 동행해 다양한 여행지의 이야기를 들을 수 있다는 것이 장점 중 하나다.

남도 한 바퀴 버스는 KTX역인 광주송정역(시외버스정류장)과 광주 버스터미널(유스퀘어 36번 홈)에서 출발한다. 매주 화요일부터 일요일까지 운행되고 있고 출발지에 와서 정해진 자리에 탑승하면 된다. 간단하게 인기가 있는 대표 코스 몇 가지를 소개하면 다음과 같다.

영광 백수 해안도로, 백제불교 최초 도래지 영광의 대표적인 드라이브 코스인 백수 해안도로와 청보리밭 구경까지, 데이트 코스로도 잘 알려진 투어다. 영광을 둘러본 후 고창 청보리밭, 고인돌공원, 고창읍성까지 돌아보는 코스로 매주 토, 일 오전 10시 20분에 출발해 오후 7시 45분 도착이다.

담양 소쇄원, 담빛예술창고 죽녹원과 소쇄원을 중심으로 메타세쿼이아길을 걷고 카페 투어까지 한 후에 곡성 가정역으로 향하는 코스. 매주 수, 일 오전 10시 10분 출발, 오후 7시 35분 도착이다.

순천 낙안읍성, 여수 이순신광장 야경 순천 낙안읍성을 시작으로 여수 진남관, 이순신광장을 둘러보고 저녁까지 해결한 후 자산공원 & 오동도, 하멜등대 & 소호동동다리까지 야경코스 투어다. 금요일 오후 1시 15분 출발, 오후 11시 도착이다.

광양 와인동굴, 느랭이골 자연리조트 야경 순천만 국가 정원을 시작으로 광양으로 넘어가는 코스다. 와인동굴, 배알도 해변공원, 망덕포구까지 돌고 나면 느랭이골 자연리조트의 아름다운 야경을 볼 수 있다. 매주 금, 오후 1시 10분에 출발해 오후 11시

25분에 도착이다.

고흥 소록도, 거금도 지난 2017년 탑승률을 기록한 코스다. 고흥 소록도에서 시작해 녹동항, 거금도 유람선, 고흥 분청문화박물관까지 돈다. 매주 수요일 오전 8시 30분 출발, 오후 6시 55분 도착이다.

신안·목포 요트 여행 신안 압해도 선착장에서 요트 투어를 즐기고 자연사박물관, 해양유물전시관까지 목포와 신안을 제대로 돌아보는 코스다. 매주 수요일 오전 8시 15분에 출발해 오후 5시 50분에 도착한다.

함평 돌머리해수욕장, 목포 연희네 슈퍼 함평 용천사 꽃무릇공원, 돌머리해수욕장을 돌고 5일장에서 식사까지 즐기는 코스다. 목포로 넘어가 1987년 영화에 나왔던 연희네 슈퍼, 옥단이길 투어도 포함됐다. 목포 갓바위공원과 평화광장도 볼 수 있다. 매주 금, 토 오전 9시 10분에 출발, 오후 8시에 도착한다. 이외에도 다양한 코스가 많으니 꼭 홈페이지나 여행사의 이야기를 듣고 여행을 떠나는 것이 좋다.

CHAPTER 05

다섯 번째 장 추천하는
세계 여행지

인생도 마찬가지다. 익숙한 곳에서 절망을 만나고 뜻하지 않은 곳에서 삶의 희망을 찾기
도 한다. 알고 가면 가지 못하는 험한 길도 모르고 가다 보니, 다 이겨내고 가는 것이다.

나를 만나는 여행,
성지순례

조정래의 '태백산맥'을 읽고 전남의 보성과 지리산을 찾는 것과 읽지 않고 찾는 것은 느낌이 사뭇 다르다. 소설에 나온 지리적 배경이나 인물들이 살던 곳이 현장에 그대로 있고, 작가의 발자취를 찾아 이곳저곳을 걷다 보면 상상으로 만났던 활자들의 공간이 갑자기 강렬한 생명을 얻기 때문이다. 하물며, 성경은 어떠할까?

성경의 내용이 사실이냐, 픽션이냐를 떠나서 어려서부터 우리가 이곳저곳에서 수십 번, 수백 번 들어왔던 장소가 지금 내 눈앞에 펼쳐진다면? 그것은 지금까지와 다른 성경을 만나는 것과 같다. 만약 종교를 믿는 사람이라면 성지순례를 다녀온 기점부터 성경에 대한 의미가 달라지게 된다. 베드로

가 기도한 곳, 예수님이 오병이어의 기적을 베푼 곳, 십자가를 지고 걸었던 곳 등 영화나 상상을 통해서만 보고 생각했던 장소가 눈 앞에 펼쳐질 때의 감동은 이루 말할 수 없기 때문이다.

나 역시 그랬다. 오랜 기간 종교를 갖고 살아온 사람으로서 여행업을 시작했을 때, 꼭 가보고 싶었던 여행지가 바로 이스라엘, 터키, 그리스였다. 성경에 나오는 장소를 직접 찾아가서 눈으로 보고 느끼며 그 감동을 체험하고 싶었기 때문이다. 다른 의미에서 성지순례는 나에게 큰 영향을 끼치기도 했다. 나는 개인적으로 성도로서 가장 먼저 해야 할 일은 섬기는 교회 목회자를 성지순례 보내드리는 헌신이라고 생각한다. 무엇보다 크고 복된 일이라고 여긴다. 나의 목자가 강단에서 대언(代言)하는 말씀이 더욱 살아있기를 원한다면 목사님들 성지순례부터 보내드리길 권한다. 성지순례를 떠나는 목회자들은 대부분 몇 년 전부터 준비를 한다.

비행기 삯만 해도 적은 금액이 아닌 데다, 현지에서 머무르는 체류비용도 상당하다. 또 기간 역시 짧게 잡아야 10여 일이다. 보편적으로 2주일 이상 다녀오는 경우가 많다. 그러하다 보니 금전적 여유가 많지 않은 목회자들은 몇 년을 준비하며 계속 기도하기 마련이다.

"좋은 여행사 만나게 해주세요…."

"좋은 가이드를 만나게 해주세요…."

이들의 기도는 절실하면서도 현실적이다. 현지에서 어떤 상황이 어떻게 벌어질지 예측할 수 없기 때문에 가이드가 매우 중요하다. 더욱이 이스라엘이다. 안전하다 하더라도 변수가 아예 없는 것은 아니다. 그런 면에서 나는 다소 자신이 있는 편이다. 여행업을 시작하고 3년여간 내가 주력해 왔던 여행이 바로 성지순례였다. 많은 목회자들과 함께 보통 12일 일정으로 떠나곤 했는데, 이스라엘을 시발점으로 이집트, 터키, 그리스, 로마를 경유하는 코스를 택하곤 했다.

지금도 성지순례를 의뢰할 경우 이 코스를 계획하기도 한다. 가이드 역시 목회자를 택한다. 성지순례의 핵심은 여행이나 관광이 아니다. 성지순례는 종교상의 의미관념이나 신앙의 대상으로부터 가호와 은혜를 받을 목적으로 각 종교에서 성스러운 장소로 정한 곳을 찾아 참배하는 것을 뜻한다. 당연히 단순한 관광의 의미를 넘어서 신앙행위로서의 의미가 있게 마련이다.

성지순례를 통해서 신앙 대상과의 합일을 기원하고, 교조정신·종교정신을 더욱 절실하게 체험할 것을 다짐한다. 그래서 현지 가이드들도 입버릇처럼 "성지순례는 돈이나 시간이 많다고, 건강하다고 아무나 할 수 있는 일이 아닙니다. 하나님의 은혜가 있어야 합니다."라고 말한다. 또 다른 의미로 성지순례는 나 자신을 찾아 떠나는 여행이다. 모든 여행이 기본적으로 그러하지만, 성지순례의 경우 더욱 그런 느낌이 강하다. 자신이 믿고 있는 종교의 배경을 찾아서 알고 있는 성서의 인문들을 끌어내고 거기에 자신을 대입시키는 것은 어떤 면에서 엄청난 자아 성찰이기도 하기 때문이다. 예를 들어서 모세가 십계명을 하나님으로부터 받았다는 시나이산을 들어보자. 출애굽의 경로와 날짜가 아직 정확히 밝혀지지 않았고, 실제로 성경 속의 시나이산이 어디에 있는지 아직 확실하지 않다. 하지만 성지순례를 하면서 이스라엘의 시나이반도를 방문하면, 시나이산이 있다.

순례객들이 이곳으로 가기 위해서는 대부분 갈라진 홍해가 아니라 수에즈운하 해저 터널을 통과해야 한다. 그래서 마주한 시나이반도는 제대로 선 나무 한 그루 없이 그저 모래만 날리는 황량한 땅으로 다가온다. 한참 사막의 광야를 달리다 보면 저 멀리 홍해를 끼고 대추야자(성경상 종려나무) 나무들이 무더기로 서 있는 곳이 나온다. 홍해를 건너 3일 동안 물을 마시지 못한 모세 일행이 물을 얻었다는 '마라의 샘'이다. 이 근처의 대추야자 열매를 먹어보자.

이곳을 지나쳐 굶주리는 모세 일행에게 하늘에서 '메추라기와 꿀 섞은 과자 같은 만나'(출 16장)가 내려진 메마른 땅 '신광야'를 한참 가로지르면, 아말렉과 싸워 이겼다는 '르비딤'을 만나게 된다. 성경에 나오는 르비딤 싸움에서는 수십 년 후 모세의 계승자가 될 여호수아가 처음으로 등장한다.

이마저도 지나쳐 조금만 더 가다 보면 그 유명한 시나이 산이 나온다. 여기에서 정말 십계명을 받았는지는 알 수 없지만 해발 2,286m의 시나이산은 무함마드가 이를 언급하는 등 이슬람교도에게도 성스러운 산이다. 호렙산·무사산 등으로도 불리는 시나이산 일대는 붉은빛이 도는 바위들로 꽉 찬 전형적인 산악지대다. 나무 한 그루 없는 벌거숭이 산이기도 하다. 이 산에 올라가는 데는 규칙이 있다. 새벽에 올라가야 한다. 해가 있을 때는 너무 뜨거워 산행할 수 없기 때문이다. 그래서 한밤중에 손전등을 이용해 산에 올라 일출의 장관을 경험한 뒤 재빨리 내려와야 한다. 한밤중에 손전등 하나에 의지해서 나무 한 그루 제대로 보이지 않는 산에 올라간다는 것은 보통 일이 아니다.

솔직히 눈으로 보려고 하면 갈 수 없는 곳이다. 오로지 믿음 하나로 올라가야만 한다. 80세의 모세가 여기를 올랐다는 것을 떠올리며, 구슬땀을 흘리며 3시간여를 계속 가다 보면 마침내 정상이 나온다. 이미 세계 각국에서 온 순례객, 관광객들 수백 명이 일출을 보기 위해 서 있다. 그리하여 어둠을 밀쳐내고 붉은 해가 솟아오르고 장대한 시나이산이 붉은빛으로 물들면 모두가 말이 없어진다. 마음 저 밑에서 밀려오는 벅찬 감동을 꾹꾹 새기고 있기 때문이다.

'여호와께서 시내 산 곧 그 산꼭대기에 강림하시고 모세를 그리로 부르시니 모세가 올라가매'(출 19장 20절) 여호와는 '너는 나 외에는 다른 신들을 네게 두지 말라.'를 시작으로 십계명(출 20장 1~17절)을 '돌판에 새겨'(신명기 5장)주는 장면이 바로 눈앞에서 펼쳐지는 듯 생생해진다. 나는 아직도 이 감동을 잊지 못하고 있다. 모르고 가니까 올라갈 수 있었고, 내려와 보니 '내가 여길 올라갔단 말인가?'하고 스스로 놀라게 되는 그 순간을 말이다.

인생도 마찬가지다. 익숙한 곳에서 절망을 만나고 뜻하지 않은 곳에서 삶의 희망을 찾기도 한다. 알고 가면 가지 못하는 험한 길도 모르고 가다 보니, 다 이겨내고 가는 것이다. 덧붙여 우리나라 순례객들의 보편적인 순례 코스는 예루살렘, 로마, 산티아고 데 콤포스텔 3곳이다. 여기에 이집트-이스라엘-요르단으로 이어지는 '출애굽'(유대민족의 이집트 탈출) 코스를 선호하는 경우가 많다.

하늘 아래 현세의 무릉도원
중국 계림

　중국 여행하면 웅장한 장가계를 떠올리는 분이나, 황산의 아름다움을 생각하는 분들이 상당하다. 기본적으로 가보기를 추천하고 싶은 곳 중 하나이기도 하고, 많은 관광객들이 찾는 곳이기도 하다. 그러나 만약 나에게 중국의 관광지를 한 군데만 찍어달라고 하면, 곧바로 '계림(구이린)'을 추천할 것이다. '중국을 정말 가봤느냐'는 질문에 답할 수 있는 장소가 바로 계림이기 때문이다.

　풍경 자체는 이미 한 폭의 산수화다. 하롱베이와 비슷한 분위기지만 운치나 느낌은 다르다. 차마고도가 있다는 점에서 역사의 무게도 느껴진다. 지역명 역시 '계수나무 꽃이 흐드러지게 피는 곳'이란 뜻이다. 중국 역사적으로 그 아름다움을 칭송받아온 곳이기도 하다. 특히 지각변동으로 인해 해저가 지형적으로 돌출되면서 이루어진 기암괴석과 유유히 흐르는 호수가 어우러져 마치 신선이 살고 있는 세계에 와 있는 듯한 착각을 불러일으킨다. 도심에 들어서면 병풍처럼 둘러친 봉우리들이 인상적으로 다가온다. 능선은 온유하고 부드러우며 산봉우리를 끼고 휘감는 강은 부드러우면서 강렬하다. 더욱이 산과 강은 서로 간섭하지 않아 산은 산대로 강물에 첨벙대지 않으면서 서로서로 길게 맞잡고 있다. 발길과 눈길이 닿는 곳마다 아름답고 감탄 속에 끝내 자연과 하나가 되는 느낌도 받을 수 있다.

그래서인지, 예부터 중국의 예술인들은 이곳의 풍경을 천하제일이라 예찬했고, 계림을 보지 않고는 산수를 논하지 말라고 할 정도였다. 이곳은 기원전 214년, 진나라 시황제가 처음 도시를 세운 곳으로 광시좡족자치구 북동부에 있다. 수려한 경관은 익히 유명하고 몇 년 전부터는 수십 개의 풍경구를 새로 개발하고 교통까지 편리해져 국제관광도시로의 모습을 유감없이 보여주고 있다.

아열대 기후라 기온이 높고 일 년 내내 비가 자주 오는 곳으로 습기 탓에 훨씬 덥게 느껴지고 비가 내린 후에는 기온이 급격히 떨어진다. 흔히 계수나무 꽃이 피는 가을을 여행의 최적기로 꼽는다. 이곳에 오면 무조건 들려야 할 곳이 바로 계림의 하이라이트라 불리는 '현세 속의 선경'인 이강 유람이다. 계림에서 양삭까지 83㎞에 이르는 코스로, 유람선을 타고 이강의 경치를 둘러보는 데는 약 1시간 정도가 소요된다. 산속 깊숙한 곳에 자리한 진귀한 모양새의 봉우리와 계곡들을 유유자적 뱃놀이하며 체험할 수 있다. 그중에서도 와족의 전통마을 야인곡은 신비로운 자연경관 속에 소박하게 자리한 명소로 중국 계림 현지 소수 민족의 생활상과 문화를 엿볼 수 있다.

'신선들의 놀이터'라는 뜻의 세외도원도 들려야 한다. 무릉도원을 연상시키는 관광지로 장족, 묘족, 요족, 동족 등의 소수민족이 살고 있는 마을이기도 하다. 한나라 시대의 고분 유적이 고스란히 남아있는 곳으로 유람선을 타고 무릉도원의 경치를 감상하고 또 내려서 촌민들의 삶을 엿볼 수 있는 전통가옥도 함께 둘러볼 수 있다. 관암 동굴은 계림시에서 29㎞ 떨어진 곳에 위치해 있는 지하 종유동굴로 동굴 안으로는 강이 흐른다. 동굴의 총 길이는 12㎞이지만 현재 개발된 길이는 3㎞로 동굴 내에는 모노레일과 레일바이크가 설치되어 있어 여행객들이 관람을 즐길 수 있도록 배려했다. 또한 협궤열차, 배, 엘리베이터, 자동안내 시스템이 있어 남녀노소 모두 손쉽게 관광을 즐길 수 있다.

요산도 꼭 보고 와야 하는 곳이다. 산 위에 요(堯)황제를 섬기는 사당이 세워져 있어 요산이라 불리는 이곳은 해발 1,000m의 높이로 계림에서 최고봉 정상까지는 케이블카를 타고 올라간다. 2인용 케이블카를 타고 하늘 위를 오르면서 한눈에 들어오는 계림의 산수는 입을 다물지 못하게 할 것이다. 특히 요산 주위를 안개가 감싸면 신비롭고 환상적인 분위기가 연출되면서 마치 신선이 된 듯한 기분을 느낄 수도 있다. 정상에 오르면 수많은 봉우리가 우뚝 솟은 계림의 동양적인 아름다움을 느낄 수 있다. 전망대 옆에는 십이지신상에 해당하는 금불상이 앉아있다. 관광객들은 본인의 띠 앞에 서서 경건한 마음으로 기도하며 소원을 빈다.

계림시 중심의 첩채산 근처에 있는 복파산도 올라가 보자. 파도가 복파산 앞에 올 때는 스스로 엎드려진다는 뜻에서 엎드릴 '복'자에 파도 '파'자를 이용했다. 복파 장군이 남부 지방을 정벌하기 위한 원정길에 이곳을 거쳐 갔다고 하여 복파산이라 이름 붙여졌다고 한다. 상공산 정상에서 내려다보는 풍경은 계림, 양삭에서 최고의 절경이라 할 수 있다. 비단길 같은 이강의 물이 수려한 산봉우리 속으로 감아 돌아 내려가는 풍경, 운해, 일출 등 천하절경을 한눈에 감상할 수

있다. 상공산은 세계 최고의 풍경구로 그야말로 산수의 '갑'
이다.

자연만 볼만한 것이 아니다. 서양인의 거리로 불리는 서가
재래시장도 계림 여행에서 빼놓아서는 안 될 볼거리다. 이곳
에는 중국과 서양의 양식이 조화를 이룬 음식점과 카페, 바
등이 거리에 즐비하다. 대부분의 상점 주인들은 간단한 영어
로 소통이 가능하며 골목마다 전 세계 각지에서 온 여행객
들로 인산인해를 이룬다. 매년 이곳에서 머무르는 외국인 여
행객들의 수는 이곳 주민들 수의 3배에 달한다.

이곳은 중국 최대의 외국인 거리이면서 국제결혼의 비율
도 중국 전역에서 가장 높은 곳으로 관광학계 전문가나 학
자들은 '중국 여행업계의 양삭현상'으로 명하기도 하며 양삭
을 중국의 '지구촌'이라 부르기도 하면서 중국인들이나 외국
의 많은 관심을 끌고 있다. 또한 계림의 밤을 제대로 즐기기
위해서는 유람선을 타고 양강사호(兩江四湖)를 돌아봐야 한
다. 이강과 도화강, 용호, 계호, 삼호, 목룡호로 이뤄진 인공
호수는 파리 센느 강에 비할 수 없는 감성과 분위기를 풍긴
다. 인공조명을 받아 형형색색 빛나는 정자 성과 탑, 다리 등
은 야경과 어우러져 아름다운 자태를 뽐낸다. 이동 중 강변
에 설치된 무대에서 각종 공연과 악기 연주가 펼쳐지고 강

위에서는 계림의 독특한 어획 방식인 가마우지 낚시의 생생한 장면을 만날 수도 있다.

마지막으로 공연인 '인상유삼저'가 있다. 계림에 가면 양삭의 '인상유삼저'를 꼭 보고 오라는 말이 있을 정도로 유명한 공연인데, 2008년 베이징 올림픽 개막식을 지휘한 중국 영화의 거장 장예모가 기획하고 연출한 공연으로 5년 반에 걸쳐 만들어낸 만큼 완성도가 뛰어나다. 인상유삼저는 유 씨네 셋째 딸이 지주들의 유혹을 이겨내고 사랑하는 목동과 결혼한다는 이야기를 담았다.

'유삼저 설화'를 바탕으로 장족(壯族)과 묘족(苗族) 등 소수민족의 문화를 엿볼 수 있다. 공연의 하이라이트는 달의 요정이 등장해 초승달 위에서 춤사위를 펼치는 장면이다. 하루에 두 번 공연이 열리며 공연시간은 약 70분이다. 객석 규모는 3,200석으로 공연 때마다 모든 좌석이 매진된다.

벚꽃의 나라 일본,
그리고 오사카

일본은 나에게 깔끔하고 깨끗하고 심플한 나라다. 포장되어 있지 않은 오랜 세월이 정갈하게 정리된 느낌의 나라로, 길이 예쁜 나라이기도 하다. 나는 길 사진 찍는 것을 좋아하는데, 일본에서 좋은 배경을 많이 얻는다. 쓰레기도 귀신이 있다고 믿는 나라여서 그런지 곳곳이 청결하다. 전반적으로 과하지 않고 소박하며 아기자기하지만 짜임새가 매우 좋다. 그래서 일본 여행을 좋아한다. 나와 저 가슴 밑에 숨어있는 구석이 닮았기 때문이다. 화려하지 않고 심플하다. 그것이 나의 마음을 두드린다. 일본을 가면 표정이 밝아지는 이유이다.

여행업자로서는 가이드들 때문에 즐거운 곳이기도 하다.

해외 어느 곳보다도 일본 가이드들의 수준은 매우 높다. 한국에서 출발하는 쓰루가이드가 태반인데, 정치, 문화, 사회까지 거의 모든 주제를 빠삭하게 파악해 관광객들의 질문에 완벽에 가까운 답을 내놓는다. 워낙 관광업이 발달하고 경쟁이 심해져서인지, 자신의 역량을 키우는데 많은 시간을 들이는 느낌이다.

쌀도 너무 좋다. 일본에서는 별다른 반찬 없이 밥만 가지고도 식사를 할 수 있다. 사람은 밥을 밥맛으로 먹는다. 한국의 쌀도 매우 좋지만, 일본은 일본만의 느낌이 있다. 밥이 달면서도 물리지 않는다. 밥을 짓는 데도 열과 성의를 다해서인지, 무르거나 밥알이 서 있는 느낌이 없다. 물론 어느 정도의 비용은 지불해야 하지만, 여행에서 음식에 돈을 아끼는 것은 조금 고려해 봐야 할 문제이다. 맛있는 것 먹고 좋은 것을 보는 것이 여행의 기본 아니겠는가. 과하지 않다면 자신을 위해 쓰는 것은 나쁘지 않은 일이다. 그리고 일본이야말로 이런 과하지 않은 지출에 적절한 보상을 해주는 곳이기도 하다.

이런 일본에서 한 곳을 정해서 추천하라면 나는 오사카를 추천한다. 일본 제2의 도시로 불릴 만큼 볼거리가 많은 오사카는 오사카성이 대표적인 랜드마크이며, 특히 봄에 벚꽃이 폈을 때와 8월 등불축제 때 멋진 경관을 자랑한다. 도톤보리에서의 맛집탐방과 신사이바시에서의 쇼핑코스는 대표적인 오사카 관광코스다. 또한 한국에서 비행 2시간이면 도착할 만큼 가까워 국내 여행자들이 사랑하는 대표적인 인기 여행지기도 하다.

먼저 이곳에 오면 오사카의 가장 대표적 관광지인 오사카 성을 들러야 한다. 한국의 궁과는 또 다른 건축 양식과 조경을 감상할 수 있다. 특히 벚꽃 철에 방문하면 흩날리는 벚꽃과 함께 인생 샷을 남기기 좋다. 야간에는 낮과 다른 매력을 느낄 수 있으니 낮과 밤 모두 들러보자. 오사카의 역사와 문화, 관광의 상징인 오사카 성은 1931년에 재건됐으며 1997년 봄, 새롭게 정비해 성채를 중심으로 공원이 조성됐다. 시민은 물론 많은 관광객들의 휴식 공간으로 계절을 대표하는 화려한 꽃들과 나무를 감상할 수 있다. 주변에는 역사박물관과 전시관 및 콘서트홀이 자리하고 있다.

오사카의 대표적인 번화가인 도톤보리는 중심가에 있는 글리코맨 전광판으로 유명하다. 중앙에 있는 하천을 중심으로 즐비한 화려한 네온사인은 오사카에 왔다는 느낌을 가장 물씬 느끼게 해준다. 도톤보리를 가득 채운 다양한 먹거리는 오사카가 식도락 천국이라고 불리게 하는 이유 중 하나다. 여기에 '도쿄에 긴자가 있다면 오사카에는 신사이바시가 있다.'고 할 만큼 신사이바시는 세련된 패션의 거리다. 창업한 지 수백 년이 지난 점포부터 최신 스트리트 패션 점포까지 약 180개의 점포가 모여 있다. 기발한 디자인의 간판들이 눈길을 사로잡기도 한다. 낮에는 강변을 따라 조성된 산책로에서 산책을, 해가 지면 거리 전체가 형형색색의 네온사인으로 물드는 화려한 야경을 감상할 수 있다.

오사카에서 가까운 교토도 꼭 들려봐야 한다. 실제로도 적극 추천하는 곳이다. 특히 청수사는 교토에서 손꼽히는 인기명소 중 하나인데 780년 나라(奈良)에서 건너온 승려 엔친이 세운 것으로 유네스코 세계유산에 등재되어 있다. 절벽 위에 세워진 무대형의 본당은 못을 사용하지 않고 가로, 세로로 끼워 맞춘 172개의 기둥에 의해 지탱되고 있다. 툇마루에 올라 바라보는 교토의 절경은 감탄 밖에 나오지 않는다. 봄에는 벚꽃, 가을에는 단풍, 겨울에는 설경으로 유명해 계절에 상관없이 항상 관광객으로 북적이는 곳이다.

오사카 외에도 일본 여행을 계획하고 있다면 벚꽃 시즌에 꼭 가보자. 일본은 봄의 대명사 벚꽃의 나라다. 그래서 상당수 여행객들이 벚꽃이 필 무렵이면 일본으로 떠날 준비를 한다. 3월부터 5월까지 이어지는 일본 벚꽃의 개화는 절정을 보려면 3월 후반에서 4월에 가는 것이 좋다. 이 시기가 되면 일본에서는 벚꽃의 개화부터 만개 시기까지 예상한 지도를 공개하기도 한다. 벚꽃을 보겠다면 아래 제시한 지역으로 떠나보는 것도 나쁘지 않다. 일본 관광청이 추천한 곳이기도 하고, 필자가 가본 곳이기도 하다. 먼저 4월 지도리가후 치료쿠도 공원은 핑크의 절정에 이른다. 낮에는 260여 종류의 벚꽃이 머리 위에 피어 마치 벚꽃 터널에 들어간 듯 꽃놀이를 즐기기 좋다. 밤에는 화사한 조명까지 켜져 있어 꽃잎마다 빛을 받아 더욱 로맨틱해진 야경이 펼쳐진다.

나카메구로역을 나오면 바로 만날 수 있는 메구로강도 벚꽃을 즐기기엔 아주 매력적인 곳이다. 강 양쪽을 따라 마치 강을 뒤덮듯 벚꽃이 늘어져 아름다운 경관을 자랑한다. 길을 따라 테이크아웃 가게도 늘어서 있어 강변 벤치에 앉아 편하게 벚꽃놀이를 할 수 있다.

리쿠기엔만의 매력은 폭포처럼 흘러내릴 것 같은 수양버들 벚꽃이다. 낮에는 정원에 비치는 분홍색이 몽환적인 분위기를 연출한다. 밤에는 정원 전체가 '라이트 업'되어 능수벚꽃이 더욱 환상적으로 탈바꿈한다. 신주쿠공원은 두말할 필요가 없는 벚꽃의 성지다. 벚꽃만 1,100여 그루가 심겨 있어 원 없이 벚꽃과 함께할 수 있다. 공원 내 영국식·일본식 정원이 있어 다양한 느낌의 꽃구경이 가능하다. 우에노온시 공원도 벚꽃 명소다. 벚꽃 눈보라가 펼쳐지는 곳이기도 하다. 벚꽃 스폿을 소개할 때 절대로 빼놓을 수 없는 이곳은 '여러 명소에서 벚꽃을 봤더라도 마지막에는 이곳으로 돌아온다.'는 말이 있을 정도다.

북해도 대표 관광 명소인 삿포로와 오타루도 빼놓을 수 없다. 먼저 눈의 왕국 삿포로는 벚꽃으로도 유명세를 떨치는 곳이다. 마루야마 공원과 나카지마 공원은 호수를 따라 벚꽃이 잘 어우러져 있고 영화 '러브레터'의 촬영지 오타루와 더불어 일본에서 가장 아름다운 마을로 손꼽히는 비에이와 후라노 등이 있어 볼거리를 충족시켜준다. 북해도 벚꽃명소인 고료가쿠공원은 1857년부터 7년간 축조된 일본 최초의 서양식 성곽으로서, 왕벚꽃나무를 중심으로 약 1,630그루의 벚꽃이 피는 풍경이 아름다운 관광지다.

북해도를 갔다면 꼭 들러보는 것을 추천한다. 또한 북해도의 5월은 벚꽃 축제뿐 아니라, 오타루 맥주·징기스칸 축제, 잉어 연을 달아 아이의 성장과 출세를 기원하는 '고이노보리 축제' 등 다양한 축제가 개최된다. 아울러 일본까지 갔는데 벚꽃만 보고 오는 것은 너무 아쉽다. 온천도 들려보는 것이 좋다. 북해도는 맛여행, 노천온천여행이다.

휴양과 관광을 겸비하여
우리 정서에 딱 맞는 태국

　태국은 11월에서 2월 사이가 건기이다. 따라서 주로 이때 여행을 떠난다. 물론 나는 3, 6, 9, 12월도 추천한다. 모든 여행은 시간이 있다면 남들이 가지 않을 때 가면 실속있고 여유롭게 여행을 할 수 있다. 3월은 입학 시즌이고 방학 때 다녀와서 여행을 안 가고 5월은 어버이날, 어린이날에 돈을 많이 쓰기 때문에 안 간다. 9월에는 여름휴가를 다녀와서 안 가고 11월은 추석 명절과 단풍놀이를 다녀오기 때문에 여행을 가지 않는 달이다. 우기(雨期)라고 해서 비가 계속 오는 것도 아니고 무엇보다 비수기이기 때문에 훨씬 싸다.

　어차피 인생도 이와 같지 않은가. 잠깐의 비를 버티면 즐거움이 잔뜩 기다리고 있는 것처럼 말이다. 그러나 물가도 저렴하고 즐길 거리도 넘쳐나는 태국을 비와 함께 하고 싶지 않다면 겨울에 가는 게 좋다. 휴양과 관광을 겸비했고 우리 정서에 딱 맞는 곳이기도 하다. 보통 방콕의 날씨는 12월부터 2월까지 평균기온 최저 20도 최고기온 30도 정도다. 크리스마스를 반소매를 입고 맞을 수 있는 셈이다.

추위가 이어지는 한국과 다르게 태국의 크리스마스는 여름이다. 무더운 여름날의 성탄절, 반소매에 땀이 주르륵 나는 계절에 크리스마스를 보내는 이색적인 느낌은 오래 기억에 남는다. 더욱이 불교의 나라임에도 불구하고 곳곳이 크리스마스 풍경으로 가득하다. 특히 방콕의 시암과 수쿰빗 일대의 대형 쇼핑몰 앞은 한국만큼이나 화려한 크리스마스 장식이 기다리고 있다. 또한 환율이 높지 않아 저렴하게 여행할 수 있기도 하다.

태국여행은 방콕과 파타야를 묶어서 한 코스에 넣는 게 일반적이다. 방콕이 우리나라 서울 격이라면 파타야는 부산 해운대 격으로, 도시별 특징이 뚜렷한 데다 차로 두 시간이면 오갈 수 있다. 먼저 방콕의 경우 배낭여행객의 천국이라 불리는 카오산 로드는 필수 방문지다. 양쪽으로 즐비하게 늘어선 사원들을 보는 풍미도 좋다. 카오산 로드에서는 저렴하면서도 품질 좋은 현지 기념품을 구입할 수 있다.

방콕에 가면 꼭 왓 보웨니왯도 들러야 한다. 거기에는 부처의 발자국이 있는데 이곳에서 소원을 빌고 동전을 세우면 이루어진다고 한다. 물론 믿을지 말지는 본인의 선택이다. 골든 마운틴에 올라 방콕을 내려다보는 것도 추천한다. 방콕에는 산이 없어서 이 인공산으로 만들어진 사원이나 루프탑 바를 가야만 전경을 볼 수 있다. 밤이 되면 노점들을 구경하는 것도 재미다. 싼 옷부터 먹거리까지 다양하다.

방콕에서 차량으로 약 2시간 거리에 위치한 담넌사두억은 태국에서 가장 큰 수상시장이다. 태국 현지인의 삶을 가장 가까이서 만날 수 있는 곳으로 이곳은 방콕여행의 필수 코스로 자리매김했다. 오전 8시부터 열리는 이 수상시장은 운하 양 사이드 또는 노 젓는 배를 이용한 수백 명의 노점상들이 토산품과 옷, 과일 등을 판매한다. 여행객들은 모터를 이용한 롱테일 보트를 이용해 이곳의 이국적인 풍경을 즐기게 된다. 오전 10시경이 가장 생생한 수상시장의 모습을 볼 수 있으며, 오후 시간에는 물건이 남은 배들만이 장사하는 모습을 보게 된다.

왓포사원은 빼놓으면 후회하는 곳이다. 방콕에서 가장 오래된 사원으로 아유타야 시대인 16~17세기에 건립됐다. 이곳의 가장 큰 볼거리는 길이 46m, 높이 15m에 달하는 크고 웅장한 와불상이다. 깨달음을 얻은 석가모니가 열반에 들기 직전의 모습을 표현한 것으로 본당에 모셔져 있다. 폭 5m, 높이 3m에 이르는 거대한 발바닥에는 정교한 자개 장식을 했는데, 이는 삼라만상을 의미한다. 특히 불상의 발바닥 쪽에 서면 거대한 와불상을 전체적으로 감상할 수 있다.

짜오프라야 강변에 있는 현대식 야시장인 아시아티크도 서서히 인기몰이 중이다. 재래식 야시장이 아니라 인테리어 소품, 핸드메이드 제품 등 가격이 다소 비싼 편이지만 그 외에도 많은 아기자기한 소품 등을 구경할 수 있으며, 중간 마다 포토존을 마련해 사진 찍기도 좋다. 아시아티크 내를 운행하는 무료 트램도 있으니 편안하게 둘러볼 수 있다. 영업시간은 상점마다 다르지만 22시부터는 폐점하는 분위기니 그전에 가는 것이 좋다.

파타야는 365일이 즐거운 곳이다. 일단 파타야에 오면 가장 큰 볼거리이자 세계 3대 쇼 중 하나인 알카자쇼를 놓치면 안 된다. 출연진 모두가 미녀인데 알고 보면 트랜스젠더다. 놀라지는 말자. 또 쇼가 끝난 뒤 주인공들과 기념사진을 찍을 수도 있다. 덧붙여 여행의 피로를 씻어주는 데는 마사지만 한 것이 없다. 특히나 태국 하면 마사지로 유명하다. 동남아여행의 가장 인기코스인 전통 마사지를 받으면 피로를 풀

어줄 뿐만 아니라 생기를 불어넣어 더욱 활기찬 여행을 즐길 수 있다. 뭐니 뭐니 해도 파타야 하면 해변이다. 태국에서는 파타야를 비롯, 좀티안, 방쌀레 등 보기만 해도 아름다운 해변이 자리하고 있다. 그중 파타야 해변은 제트스키와 패러세일링 등을 할 수 있는 해상액티비티가 잘 마련되어 있다.

꼬란은 파타야에서 하루여행을 떠나기 좋은 여행지로 흔히 파타야에서 산호섬이라고 하면 이곳을 말한다. 물이 청명하고 모래가 고와 유유자적한 시간을 즐길 수 있다. 또 싸타힙 방면의 쑤쿠윗 로드 위에 자리한 수상시장도 좋은 볼거리다. 태국 최대의 수상시장인 담넌 싸두악과 달리 파타야의 수상시장은 인공적으로 조성됐다.

시장을 따라 목조 데크로 이어진 길을 이어서 구경하거나, 배를 타고 돌아볼 수 있는데 의류, 액세서리, 먹거리, 전통 공예품 등을 판매하는 110여 개의 상점을 만나볼 수 있다. 쇼핑과 미식도 빼놓을 수 없다. 밝고 화사한 파스텔톤으로 꾸민 미모사 파타야는 옛 프랑스 건물을 본떠 만든 작은 마을이다. 미모사 파타야에는 쇼핑, 레스토랑은 물론, 마사지를 받을 수 있는 매장이 들어서 있다.

태국의 문화를 느껴보고 싶다면 타이타니 아트 & 컬처 빌리지가 제격이다. 전통가옥, 예술, 수공예품 등 다양한 태국의 문화를 경험할 수 있는 이곳은 단순히 전시품을 감상하는 곳이 아니다. 태국의 전통문화를 체험할 수 있는 프로그램이 준비되어 있어 이색적인 경험을 할 수 있다. 모든 프로그램이 무료라는 것도 매력으로 다가온다. 파타야에서 남쪽으로 15㎞ 떨어진 곳에서는 눙눗빌리지를 만날 수 있다. 무려 30여 개의 테마로 이뤄진 이 정원은 하루를 모두 사용해도 돌아보기 힘들 정도이다.

여기에 파타야의 필수 관광 코스인 황금절벽사원을 방문하면 거대한 돌산의 한쪽 면을 깎은 절벽에 황금으로 그려진 불상을 만날 수 있다. 높이 109m, 폭 70m에 이를 정도로 거대한 이 불상은 태국 국민에게 절대적인 믿음과 사랑을 받는 푸미폰 국왕의 즉위 50주년을 기념해 만들어졌다. 음각으로 깎고 그 안을 금으로 채워 넣는 방식으로 제작했으며, 불상 제작에 쓰인 황금은 1996년 당시 태국 돈으로 1억6,200만 바트(한화 약 53억 원)에 달한다.

그 바로 옆에는 포도농장 '실버레이크'가 있다. 직접 농장에서 키운 포도로 만든 주스와 각종 다양한 상품을 만나볼 수 있어 이색적인 곳이다. 포도 농장 일대에는 유럽풍의 건물과 조형물을 세워 놓았으며, 피크닉을 즐길 수 있는 테이블도 마련돼 있다.

예술의 감성을 느낄 수 있는
체코 프라하와 오스트리아

　　체코는 유럽 여행지 중에서 가장 비용을 걱정하지 않아도
되는 곳이다. 실제로 유럽여행을 떠날 때 여행자가 가장 걱
정하는 부분이 있다면 바로 비용이다. 유럽은 우리나라에서
장거리 여행지로 분류되기 때문에 항공권도 비쌀 뿐만 아니
라, 체류비용 자체가 높은 편이다. 이런 이유에서 큰마음을
먹고 떠나야 하는 곳은 유럽이다. 하지만 유럽의 감성을 느
낄 수 있으면서도, 합리적인 가격으로 떠날 수 있는 유럽 여
행지가 바로 체코다. 체코는 다양한 매력을 가진 여행지이지
만, 대표적인 여행콘텐츠로 유럽의 감성이 담긴 건축물과 맥
주가 유명하다.

　　일단 체코 하면 프라하다. 이곳에서는 천년 역사를 간직

한 세계 최대 규모의 프라하성이 자리하고 있다. 실제로 가이드북의 절반이 프라하성과 관련되어 있을 정도로 체코 여행의 필수적인 코스이며 막상 눈으로 보게 되면 그 아름다움에 감탄이 절로 나올 수밖에 없는 곳이다. 더불어 압도적인 규모로 기네스북에 등재된 이곳은 후기 고딕 양식의 역작으로 손꼽히는 성 비투스 대성당 등 성안에 또 다른 도시가 펼쳐지는 거대한 성채 단지이다. 프라하성은 프라하에서 가장 높은 지대에 있어 프라하의 모든 전경을 한눈에 내려다볼 수 있다. 체코의 붉은 지붕으로 가득한 건축물과 자연이 어우러진 모습은 그야말로 장관이다. 프라하성 제1 광장을 지나 제2 광장을 걷다 보면 성 비투스 대성당을 만날 수 있다.

올드 트램을 타고 프라하 거리를 돌아보는 것도 좋다. 클래식한 외관의 올드 트램은 100년 전 체코 최초의 트램을 그대로 복원해 관광자원으로 활용하고 있다. 더불어 올드 트램을 타면 승무원이 샴페인을 한 잔씩 제공한다. 또 올드 트램으로 이동하면 댄싱 빌딩을 만날 수 있는데, 1996년 건축가 프랑크게리와 프라하 기술 대학의 블라디미르 밀루닉 교수가 공동설계한 건물이다. 이곳은 남녀가 마치 춤을 추는 듯한 형상으로 1996년 타임스지가 선정한 최고의 디자인

작품으로 선정됐다.

바츨라프 광장도 가볼 만한 곳이다. 1968년 체코인들의 자유, 인권, 민주를 향한 외침이 울린 역사적인 장소로 프라하 시민들의 집회가 열리는 민주화의 상징적인 장소로 알려져 있다. 세계 최초의 라거 맥주가 태어난 플젠도 방문해보자. 1842년부터 이어온 체코 맥주의 자부심을 엿볼 수 있는 이곳은 맥주양조장 투어의 백미인 지하 저장고도 만날 수 있다. 총 20㎞에 이르는 지하도에는 전통방식으로 제작된 맥주가 오크통에 가득 담긴 이색적인 모습을 볼 수 있다. 이 밖에 체코의 고성 호텔을 방문하는 것도 이색적인 즐거움을 줄 수 있다. 체코 시내를 벗어나면 왕실의 분위기를 고스란히 간직한 채 성(샤토)을 개조한 호텔들이 다양하게 자리하고 있다.

오스트리아는 일단 음악이다. 알프스보다 더 아름답다는 오스트리아 잘츠감머굿부터 가봐야 한다. '사운드 오브 뮤직'의 촬영지로 잘 알려진 잘츠감머굿은 세계에서 가장 아름다운 호수 중 하나인 볼프강의 눈부신 옥빛 호수와 알프스 산자락의 동화 속 같은 아기자기한 마을이 한 폭의 풍경화를 그려내는 곳이다. 잘츠감머굿 멀지 않은 곳에 천재 음악가 모차르트의 고향이며 '사운드 오브 뮤직'의 무대인, 작은 음악 도시 잘츠부르크가 나온다. 모차르트의 생가가 있고 '사운드 오브 뮤직'에서 마리아와 아이들이 도레미 송을 부르던 무대 미라벨 정원이 있다. 음악을 좋아하는 사람이라면 모차르트의 향기를 느낄 수 있는 모차르트 박물관을 둘러보는 것도 의미가 있다. 여기에 보헤미안의 도시로 유명한 체스키크롬로프는 도시 전체가 세계문화유산으로 지정되었으며, 역사를 머금은 붉은 색 지붕들이 고풍스러운 분위기를 연출한다.

오스트리아 빈은 유럽에서 가장 아름다운 도시 중 하나다. 오스트리아의 베르사이유 궁전으로 불리는 쉐브론 궁전, 빈의 상징인 모자이크 지붕의 성 슈테판 성당, 파리 밀라노와 함께 유럽 3대 오페라 하우스인 빈 오페라 하우스, 미술사 박물관 등이 유명하지만 도시 전체가 관광지라 할 만큼 건축물과 거리에 예술의 혼이 깃들어있다. '아름다운 우물'이란 뜻의 쉐브론 궁전은 한때 유럽을 호령했던 합스부르크 왕가의 품격이 담겨있는 건축물로 1,441개의 방을 가진 오스트리아 왕가의 여름 별장으로 사용됐다. 당연한 말이지만 음악 도시로 유명한 이곳에서 모차르트와 베토벤, 슈베르트, 하이든 등 음악가들의 기념상과 무덤을 둘러보는 것도 의미가 있다.

오스트리아는 유럽의 대표적인 '윈터 스포츠의 메카'다. 겨울스포츠가 얼마나 유명한지 때때로 이곳 출신인 화가 클림트나 작곡가 모차르트보다 우선순위를 점령할 정도다. 세계 최고 수준의 설량과 설질을 자랑하는 알프스산맥이 있기 때문이다. 3월에 가도 스키를 즐길 수 있다는 점에서 봄철의 색다른 여행 묘미를 맛볼 수 있다. 주요 스키장을 소개하면 호흐쾨니히(Hochkonig) 스키장은 '나만을 위한 스키장'이라는 문구로 유명하다. 아침 7시를 갓 넘긴 시간에 케이블카를 타고 올라간 후 활강을 하면 부드러운 흰 카펫 위를 나는 기분을 만끽할 수 있다. 매주 수요일 진행하는 이 아침 스키는 최대 인원이 25명이라 예약하는 것은 필수다.

또 고급 캘린더나 여행 영상에서만 봤던 횃불 하이킹을 직접 체험할 수 있는 곳이 오스트리아에 있다. 몬타폰(Montafon)에서는 낭만적인 횃불 하이킹을 경험할 수 있다. 횃불 하이킹은 예전에 염소우리였던 곳을 개조해 만든 게스바르가(Gaßbarga) 산장에서 출발한다. 땅거미가 서서히 내려올 즈음 따뜻한 옷을 입고 하이킹에 나서게 되는데, 45분가량 걷다 보면 해발 1,500m 높이의 목적지에 도달하게 된다. 계곡 아래에서 깜빡이는 수백 개의 불빛이 어두운 밤의 융단 위에 수를 놓은 것처럼 보인다. 그 매력은 직접 타보지 않고는 알 수가 없다.

4월에는 나라 곳곳에서 부활절 행사가 열린다. 부활절 기간, 빈의 상징 쇤브룬 궁전(Schönbrunn Palace) 앞뜰에서는 유럽에서 가장 큰 부활절 시장이 열린다. 쇤부른 궁전은 과거 유럽을 호령했던 합스부르크 왕가의 품격을 고스란히 간직한 건축물로 로코코 양식의 전형을 보여준다. 화기애애한 분위기 속에서 열리는 이스터 마켓은 다양한 지역 요리, 수공예품, 의류 마켓 등을 선보이는데 현대와 옛 전통이 다채롭게 어우러져 큰 볼거리를 제공한다.

프라이웅(Freyung)의 전통시장에서는 맛있는 부활절 별미와 음악회를 즐길 수 있으며 아동을 위한 부활절 수공예 체험도 가능하다. 기념품이 필요하다면 하우프트 광장(Hauptplatz)의 부활절 공예품 시장을 추천한다. 또한 세계 각지에서 온 다채로운 상품들을 둘러보고자 한다면 투멜 광장(Tummelplatz)의 부활절 시장이 유리하다. 할(Hall) 역시 유서 깊은 부활절 시장으로 정평이 나 있다. 중앙광장에는 부활절 바구니와 양초, 갖가지 달걀을 판매하는 25여 개 가판대가 차려지는데 관광객을 위한 지역 특산품과 유기농 상품, 부활절 초콜릿을 판매한다.

경이로운 자연환경이 만들어낸
그림 같은 풍경의 뉴질랜드

만약 누군가 나에게 자신이 이 세상에서 마지막으로 여행을 떠날 수 있는데 딱 한 곳만 추천해 달라고 한다면, 나는 주저 없이 뉴질랜드를 추천한다. 중국 계림이 동양화의 풍경이라면 뉴질랜드는 대자연이 주는 밝은 수채화 그 자체다. 노랑, 파랑, 초록의 색들이 무심하게 서로 어울려 만들어내는 그 시원스러운 풍광은, 이곳을 방문해보면 왜 사람들이 살고 싶어 하는 나라 1위인지 그냥 알 수 있게 된다.

경이로운 자연환경이 만들어낸 그림 같은 풍경으로 영국 방송 BBC가 발표한 '죽기 전에 꼭 가봐야 할 여행지 BEST 5'에 선정되기도 했다. 때 묻지 않은 뉴질랜드의 청정 자연은 마치 동화 속에 들어온 듯 몽환적인 감동을 나에게 매번 선사한다. 그래서 이곳의 풍경은 보는 것이 아니라 느끼게 한다.

생각해보라. 손을 뻗어 쓰다듬으면 파란색에 묻어나올 것 같은 하늘 아래 그리고 초록의 벌판 위에 누워 있는 자신을 말이다. 온도는 뜨겁지도 차갑지도 않고 선선한 바람은 기분 좋게 살랑거린다. 오가는 사람들은 여유가 있고, 여기에는 한국의 시간 흐름이 적용되지 않는다. 돈을 벌어야 할 격한 이유도, 좋은 옷을 입고 뽐내야 할 장소도 없다. 대자연과 호흡하는 나만 있을 뿐이다. 그 생각만으로도 뉴질랜드는 이미 방문할 만한 가치가 있다.

느려진 시간 속에서 신선한 공기를 마시며 그 어떤 현대적인 것에도 쫓기지 않는 나를 만날 수 있는 곳. 대부분 고객들이 이곳을 방문하면 돌아갈 때쯤 이민을 물어보는 경우가 많다. 물론 진짜 이민을 가겠다는 것은 아닐 터. 그러나 다시 오고 싶은 마음이 절로 드는 나라가 바로 뉴질랜드다. 물가도 한국에 비해 저렴한 편이라 생각보다 부담스럽지 않은 해외여행을 즐길 수 있다. 다만 가는 시간이 10시간을 넘겨 망설이게 할 따름이다.

볼거리가 너무 많아 소개하는 책자 한 권이 꽉꽉 차는 곳이지만, 급하게 모든 것을 보려고 하면 오히려 망친다. 뉴질랜드 여행은 여유를 가지고 계획해야 한다. 며칠만으로는 뉴질랜드를 돌아봤다고 하기에 민망하기 때문이다. 뉴질랜드는 사계절 언제 가도 좋지만 3월에서 5월을 추천한다. 이 시기는 기후가 따뜻하고 무엇보다 많은 이들이 평생의 버킷리스트로 꼽는 것 중 하나인 '자연이 준 가장 아름다운 선물'이라는 오로라를 볼 수 있다.

오로라 여행지로 유명한 곳은 주로 북반구에 있지만, 남반구에 있는 뉴질랜드의 오로라(남극광)도 북반구의 오로라(북극광) 못지 않은 아름다움을 선사한다. 뉴질랜드에서 오로라를 관측하기 가장 좋은 시기는 3월에서 9월 사이로, 더니든에서 남쪽 수평선을 바라보면 관측 위치에 따라 산과 바다를 배경으로 강렬한 빛의 춤을 추는 오로라를 볼 수 있다.

뉴질랜드 남섬의 남서쪽에 있는 피오르드랜드 국립공원은 120만 헥타르의 거대한 규모로 뉴질랜드 환경보존부에 의해 보호되고 있는 지역이다. 빙하의 침식작용으로 이루어진 날카로운 계곡과 깎아지른 듯한 절벽이 끝없이 이어진다. 14개의 피오르드 지형 중 여행객이 출입할 수 있는 곳은 한정되어 있다. 대표적인 곳이 바로 밀퍼드 사운드. 1만2,000년 전 빙하에 의해 형성된 뉴질랜드 남성 최고의 피오르드로 마치 천국에 머무르는 듯한 그림 같은 풍경과 프레임에 담을 수 없는 엄청난 스케일을 자랑한다.

이 중 남쪽 섬의 서던 알프스와 태즈먼해 사이에 있는 웨스트 코스트에는 죽기 전, 꼭 봐야 할 자연 절경으로 손꼽히는 폭스 빙하(Fox Glacier)와 프란츠 조셉 빙하(Franz Josef Glacier)가 있다. 빙하가 수천 년간 전진과 후퇴를 거듭하며 남긴 상처가 가로로 길게 패여 있는 계곡을 지나 빙하 말단에 가까워지는 순간 그 거대한 규모에 압도되는 것은 두말할 것도 없다.

덧붙여 뉴질랜드 남섬은 북섬과는 또 다른 매력을 가지고 있는 여행지다. 빅토리아 여왕에게 어울리는 경치를 지니고 있다고 하여 이름 붙여진 퀸스타운은 그 이름만큼이나 남섬을 대표하는 곳이다. 호수와 산으로 둘러싸인 환상적인 경치를 바라보면서 휴식을 취하거나 다양한 레포츠를 즐길 수 있는 도시로 뉴질랜드의 여름을 즐기기에 제격이기도 하다.

다양한 빙하 투어도 있는데 가볍게 빙하를 등산하는 글레이셔 워크(Glacier Walk)는 2시간부터 하루 코스까지 다양한 선택의 폭을 제공한다. 빙하 얼음을 직접 만져보고 싶다면 가이드 투어를 통해 빙하 벽으로 가볼 수도 있다. 덧붙여 폭스 빙하를 거치는 여행자라면 꼭 가봐야 할 곳 중 하나가 바로 빙하가 녹아내리며 조성된 매서슨 호수(Lake Matheson)다. 일명 '거울 호수'로도 불리는데 바람이 없는 날에는 잔잔한 호수에 마운트 쿡과 마운트 태즈만이 고스란히 투영된 그림 같은 장관을 볼 수 있다.

뉴질랜드 북섬 동쪽 해안에서 48㎞ 떨어진 곳에 위치한 화이트섬(White Island)은 뉴질랜드에서 가장 활발한 화산 지대다. 지구상에서 사람이 가장 가까이 접근할 수 있는 화산으로 매년 전 세계에서 수천 명의 관광객이 찾는 곳이기도 하다. 땅 깊은 곳에서 솟아오른 진흙이 부글거리며 웅덩이를 이루거나 호수에서 산성 증기가 피어오르는 경이로운 지열 현상을 관찰할 수 있다. 분화구 안으로 걸어 내려가면 멋진 화구호와 굉음을 내는 많은 분기공도 볼 수 있다. 안전모와 가스 마스크를 착용하고 살아 숨 쉬는 실제 화산을 둘러보는 것은 분명 평생토록 잊지 못할 특별한 경험이다.

또한 화이트섬을 보트로 여행하는 '화이트 아일랜드 투어스(White Island Tours)'를 이용하면 가이드와 직접 분화구를 탐험하며 섬의 지질과 유황 광산 등에 얽힌 흥미로운 해설을 들을 수 있다. 운이 좋다면 화이트섬을 오가는 보트 근처에서 수영을 즐기며 돌고래를 비롯한 다양한 해양 동물도 만날 수 있다.

세계 8대 불가사의 중 하나인 와이토모 동굴도 들러보자. 3000만 년 전 바닷속에서 솟아올라온 석회동굴로 천장의 종유석과 바닥에서 자라난 석순이 마치 숲을 이루듯 늘어서 있다. 동굴에는 개똥벌레의 일종이자 빛을 내는 곤충으로 유명한 글로우웜(Glowworm)이 서식하고 있다. 반딧불이 유충이 만들어 내는 미광은 마치 밤하늘의 은하계를 보는 것처럼 신비로운 광경을 연출해 땅속의 선경 그 자체다.

관광객의 휴식처인 폴리네시안 온천은 세계 10대 온천에 여러 차례 선정된 곳이다. 로토루아 호숫가에 있는 가장 아름다운 노상 온천으로 20여 개의 개인 풀과 8개의 노지 온천 그리고 수영장을 가지고 있으며 유황과 라듐성분으로 되어 있다.

유사한 곳으로는 테카포에 위치한 작은 마을인 '테카포 스프링스'가 있다. 이곳에서는 세계에서 가장 깨끗한 밤하늘을 배경으로 뜨거운 수영장에 몸을 담그며 휴식을 취하는 낭만을 만끽할 수 있다. 각각 메인 풀은 오하우, 푸카키, 테카포 호수의 모양을 본떠 설계되었으며 다양한 테마로 구성됐다. 맑은 노천 스파에서 바라보는 아름다운 빛깔의 테카포 호수와 별이 쏟아지는 밤하늘이 평생 잊을 수 없는 추억의 한 장면으로 아로새겨진다.

동남아의 보석들,
라오스, 미얀마, 치앙마이

라오스는 청춘의 여행지라고 불린다. 그만큼 배낭여행자들이 많다. 별칭이 '배낭여행의 성지'다. 이곳에서는 사진으로는 체험하기 힘든 이국적인 풍경, 활기찬 분위기, 다양한 액티비티, 저렴한 가격의 간식과 쇼핑거리 등이 가득한 곳이다.

불교를 믿는 사람이라면 꼭 와봐야 하는 곳이기도 하다. 기억에 오래도록 남는 유서 깊은 불교문화유산들이 즐비하며, 라오스의 상징이자 석가모니의 사리가 모셔진 탓 루앙 사원과 시내를 한눈에 조망할 수 있는 독립 기념탑 빠투사이 그리고 6,000개가 넘는 불상이 있는 비엔티안 최고 사언 왓 시 사켓 등을 만날 수 있기 때문이다.

최근에도 라오스를 다녀왔는데, 그 활기찬은 여행이 끝나도 오래도록 기억에 남아있다. 묘한 매력의 나라. 그것은 동남아 여행지 중에서 가장 순수한 사람들이 살고 있기에 가능한 것이다. 라오스에서는 이름 모를 오지 산간 마을에 아직도 고산족들이 대대로 내려온 전통을 지키며 살아가고 큰 돈이 들어가지 않은 물가와 목가적인 풍경은 가난한 청춘을 위로해주기에 충분하다.

특히나 배낭여행자들의 천국이라 불리는 방비엥은 경치가 뛰어나다. 그 덕에 수도 비엔티안에서 머물기보다는 자연을 더 사랑하는 여행자들이 방비엥을 목적지로 삼는 경우가 많다. 비엔티안에서 무려 100㎞ 정도 떨어진 방비엥은 도시와 인근 지역이 국립공원으로 지정되어 있어 자연 그대로의 라오스를 만날 수 있다. 아시아권보다도 미주·유럽 여행자들이 배낭여행의 성지로 꼽고 있을 정도로 아시아를 대표하는 여행지이다.

방비엥은 거대한 석회암 산이 우뚝 서 있어 다른 지역과 확연히 눈에 띄는 자연환경을 보인다. 좁은 계곡과 넓은 들판 사이로 남송강이 흐른다. 흐르는 강물은 햇빛에 반짝이며 오리나 야생조류들의 놀이터 역할을 한다. 방비엥에서는 다양한 방법으로 여행과 휴식을 취할 수 있지만, 그중에서

도 방비엥의 풍경을 배경으로 쏭강을 즐기는 다양한 수상액
티비티를 즐겨보는 것도 좋다. 라오스만의 독특한 배인 롱테
일 보트를 타고 쏭강을 즐기다 보면 여유 있게 라오스의 풍
경을 돌아볼 수 있다.

　블루라군은 수상액티비티를 즐기는 방비엥을 대표하는
여행지로 우리에게는 꽃보다 청춘으로 유명한 곳이다. 사실
이곳은 영화 블루라군의 환상적인 배경장소로 더욱 익숙한
여행지이다. 세계 각국의 사람들이 5m 수심의 계곡에서 다
양한 방법을 통해 다이빙을 즐기고 있다. 또 다른 이유에서
도 방비엥은 여행자들의 이상향이다. 물가가 저렴해서 며칠
씩 머물러도 부담 없이 여행을 즐길 수 있다. 최대 번화가에
는 도로 양편으로 여행자들을 맞이하는 카페와 저렴한 숙
소들이 몰려 있다. 그래서 방비엥의 밤은 낮과 다른 매력으
로 여행자를 반긴다. 유명한 여행자 거리인 유러피안 거리는
전 세계 여행자와 하나가 될 수 있는 방비엥의 여행지이다.

　방비엥을 들렀다면 튜빙을 추천한다. 자동차 타이어에서
분리한 튜브를 물에 띄우고 그 위에 누운 다음 하염없이 남
송강 강물을 따라 내려가는 라오스에서 가장 흔한 레포츠
다. 수도인 비엔티안에선 에메랄드색 붓다를 모시기 위해 세
워진 왕실사원인 '왓 호파캐우'와 6,840개의 부처가 있는

'왓 씨 사켓'을 방문해 보라. 동남의 정취를 물씬 느낄 수 있을 것이다. 또 루앙프라방에선 라오스 전통문화를 손쉽게 볼 수 있다. 루앙프라방은 도시 전체가 유네스코 세계문화유산으로 지정된 곳으로 라오스의 옛 수도였다. 곳곳엔 화려한 사원과 프랑스 식민지 문화가 뒤섞여 동서양이 어우러진 독특한 분위기를 자아낸다.

미얀마는 동남아시아에서 가장 큰 나라이자 곳곳에 다양한 매력이 펼쳐져 있다. 2,500년의 불교역사를 간직한 세계 최대의 불교 국가로 전국에 크고 작은 400만여 개의 불탑들이 산재해 '불탑의 나라'로도 불린다. 하늘을 향해 달려가는 수많은 황금불탑과 땅 위에서 환한 빛을 밝히는 사람들의 미소가 기나긴 세월을 함께 해온 곳이다. 그래서 눈을 돌려 마주 보는 대부분의 곳이 다채롭고 신비로운 매력으로 다가온다. 이곳은 동남아시아 여행 좀 다녔다는 여행객에게도 신비한 매력이 있는 여행지이다.

불자들의 성지순례지로도 인기를 끌고 있는 곳인데, 대부분 세계 3대 불교 유적지이며, 동남에서 가장 이색적인 곳인 바간을 찾는다. 이곳은 신비로운 고대 도시, 최고의 로맨틱한 프러포즈 장소 등으로 늘 손꼽히는 곳이기도 하다. 특히

나 꼼꼼하게 살필 필요 없는, 광활하게 펼쳐진 오래된 풍경은 여행을 단조롭고 여유롭게 이끌어주기에 모자람이 없다. 도시 자체가 하나의 거대한 유적이나 다름없는 이곳은 고대 사원들이 넓은 자연 속에 원초적인 모습을 지켜오며 여기저기 흩어져 있다. 그 광경을 제대로 보려면 아우레움 펠리스 호텔 전망대를 찾아가 보자. 투숙객이 아니어도 올라갈 수 있는 전망대는 360도 파노라마 전망이 가능하다.

바간을 들렀다면 불탑을 꼭 봐야 한다. 과거엔 무려 400만 개의 불탑이 존재했었고, 현재는 약 2,500여 개의 사원과 탑이 존재한다고 한다. 그런 바간에서 유적 1호의 영예는 쉐지곤 파고다이다. 우아하고 화려하며 웅장한 멋으로 시선을 사로잡는 이곳은 부처님의 쇄골과 앞니를 보존하고 있다. 또 이곳에 자리한 삼단으로 세워진 황금빛 스투파는 바간을 넘어 미얀마에서도 가장 우아한 불탑으로 인정받는다. 불탑 앞에 작은 홈이 있고 물이 차 있는데, 그곳에서 절을 하면서 바라보면 물 위로 황금색 불탑이 홀연히 나타난다.

이밖에도 쉐지곤 파고다와 함께 바간을 대표하는 사원 중 하나인 아난다 사원 역시 동남아시아 불교 사원 건축을 가장 잘 보여주는 곳으로 꼽힌다. 수직과 수평이 완벽한 균형을 이루는 이 사원의 내부로 들어서면 마치 동굴에 들어온 듯한 풍경이 펼쳐져 더욱 이색적이다. 동굴 속에 거대한 황금 불상 등은 아난다 사원의 대표적인 볼거리다.

미얀마는 그 크기만큼이나 돌아볼 곳이 많은 나라다. 아주 간략하게 핵심만 소개하자면, 늘 잔잔하고 풍요로운 어머니 같은 인레호수는 오히려 흐린 날에 더욱 신비로운 풍경을 자아낸다. 고산 지대에 속하는 탓에 강렬한 햇빛으로 더운 날에도 호수 위보트에서 맞는 바람은 늘 상쾌하다. 또한 미얀마인에게 가장 신성시되는 거대한 황금 바위탑인 짜익띠요는 깎아지른 듯한 벼랑 한쪽이 인기다. 북부와는 완전히 다른 미얀마 남부의 이국적인 풍광이 가장 아름답게 펼쳐진 한적한 도시 파안도 최근에는 인기다. 파안은 사실 그 풍경 속에 화려하고 웅장한 동굴 사원을 숨겨 놓고 있다.

미얀마 마지막 왕조, 꼰바웅 왕조의 수도였던 만달레이는 세계에서 가장 오래된 목조 다리이며 너무나도 로맨틱한 일몰을 볼 수 있는 우베인 다리가 있다. 미얀마 3대 불교 성지 중 하나인 마하무니 파고다로도 유명하다. 미얀마의 최고 휴양지인 나팔리 해변도 필수코스다. 이탈리아의 나폴리 해변이 연상된다고 하여 나팔리라는 이름이 붙여졌다고 한다. 원시의 웅장함이 느껴지는 해변과 고급 럭셔리 호텔이 만나 어리둥절한 느낌마저 드는 곳으로 울창한 열대나무 아래에는 무척 부드러운 모래가 깔려 있고, 노점이나 잡상인이 거의 없어 한가롭다. 한편 미얀마로 여행을 떠나기 위해서는 비자가 있어야 한다. 보통 비자를 신청하는데 공휴일을 제외한 평일기준으로 5일이 소요되기 때문에 여행을 떠나기 10일 전에는 필수적으로 비자를 신청해야 한다.

치앙마이는 연평균 기온 28도의 열대성 기후를 자랑하는 태국에서도 북방의 장미로 알려져 있는 곳이다. 태국 북쪽의 작은 도시지만 고대 타이 왕국의 수도로서 오래된 사원들로 유명하다. 북부 불교문화의 중심지이며, 유엔(UN)에서 지정한 세계 10대 관광지로, 태국의 또 다른 모습을 엿볼 수 있는 곳이다. 치앙마이는 태국 북부 해발고도 300m 넘는 산들에 둘러싸인 환경을 가지고 있다. 바다가 없는 대신 시내에서 10분만 벗어나도 푸른 녹음이 있다. 또 태국의 예술가들이 문을 연 개성이 담긴 카페와 레스토랑과 아트센터, 그들이 모여 사는 집성촌 등으로 도시가 주는 감성 안에서 모두 자유인이 된다.

이곳의 대표 여행지로는 백색사원이 있다. 태국어로 왓롱콘이라 불리는 백색사원은 사원이 모두 백색으로 칠해져 있고 유리 조각으로 장식되어 있어, 햇볕을 받으면 사원 전체가 반짝이며 그 진가를 발휘한다. 지옥과 극락을 표현한 사원으로 태국에서도 그 아름다움이 손에 꼽힌다. 또 해발 1,080m의 도이수텝 산 정상에 지어진 왓 프라탓 도이수텝은 치앙마이 관광의 정수를 맛볼 수 있는 곳이다. 치앙마이 전경을 한눈에 담을 수 있는 포인트로 마음이 저절로 힐링이 된다. 유황 온천인 롱아룬도 추천 여행지다. 동남아에서 손꼽히는 수준급 수질을 보유하고 있어 외국인 관광객들에게 인기가 좋다.

여기에 태국 어느 곳보다도 아보카도나 망고, 바질, 토마토 등 싱싱한 과일과 채소를 구하기 쉬워 맛있는 건강식을 접하기 쉽다. '치앙마이의 홍대'로 불리는 '님만해민'에선 오픈 샌드위치, 치킨 스테이크 등 타지인들의 입맛을 고려한 서양식을 맛볼 수 있고, 시내를 조금 벗어나면 치앙마이식 브런치를 즐길 수 있다.

구석구석 숨겨져 있는 개성 넘치는 카페들을 찾아보는 것도 재미다. 치앙마이엔 골목마다 카페가 넘쳐난다. 북부 산악지대에서 재배한 신선한 원두를 사용하는 체인점 '와위커피'를 비롯해 각종 세계 바리스타 대회에서 상을 휩쓴 카페와 작지만 개성 넘치는 카페들까지 만나볼 수 있다. 님만해민의 리스트레토 랩의 경우 예술적인 '천사라테'로 이미 명성이 자자하다.

광활함을 품고 있는
미 서부, 캐나다

　대도시, 대자연이 어우러져 관광자원이 풍부한 미국 서부 여행은 인생에서 꼭 한번 즐겨보고 싶은 여행지다. 할리우드가 있는 미 서부의 보석 로스앤젤레스는 미 영화 산업의 핵심부이며, 유니버설 스튜디오, 디즈니랜드 등 대표 테마파크도 갖추고 있다. 또 로스앤젤레스를 비롯해 서부 3대 도시 라스베이거스와 샌프란시스코는 영국 BBC 선정 '죽기 전에 가봐야 할 50곳' 중 각각 7위, 36위에 오른 곳이기도 하다.

　이들 3대 도시는 미국인들도 떠나고 싶은 휴가지로 꼽을 정도로 아름다운 풍경을 자랑하는 해안가를 보유하고 있기도 하다. 여기에 그랜드캐니언을 비롯해 다양한 대협곡까지 보유하고 있어 일단 가면 쉴 틈이 없다. 그래서 미 서부 여행의 준비물은 여러 가지가 있겠지만 가장 핵심은 바로 시간이다. 이곳을 일주일 이내로 여행한다는 것은 그야말로 불가능에 가깝다. 이동하다가 끝날 수 있기 때문이다. 다만 그렇게 긴 시간을 내기 힘들다면, 계획을 짜서 3번 정도의 방문을 해보자. 그런다고 해서 미 서부를 다 둘러 볼 수 있을지는 미지수이지만 말이다.

이곳은 워낙 많은 미디어에서 소개가 되었기에 구체적인 여행 포인트를 짚어주는 것 자체가 무리다. 광활하고 볼거리, 먹거리가 많아서, 미 서부 하나만 가지고도 책을 쓸 수 있을 정도다. 여행업자로서 이곳을 방문한다는 것은 축복 중 하나라고만 말해두고 싶다. 먼저 우리에게도 익히 알려진 로스앤젤레스는 휴양지로 유명한 말리부, 산타모니카, 산타바르바라가 자리한 도시다. 뉴욕에 이어 미국 제2의 대도시권을 형성하고 있다. 야자나무가 줄지어 있는 산타모니카는 열국의 분위기가 물씬 풍기는 곳으로 주변에 리조트 단지들이 갖춰져 있어 전 세계 관광객들의 발길이 끊이지 않고 있다.

서핑족들의 천국으로 불리는 말리부는 서핑하기 좋은 이상적인 조건을 갖춘 해안가다. 모래가 적고 파도가 높아 다양한 해양스포츠를 즐기는 사람들을 목격할 수 있다. 스포츠를 좋아하지 않는 사람이라면 여유롭게 태닝을 하는 것도 추천한다. 여유만 있으면 충분하다. 관광지로도 유명한데 유니버설스튜디오, 디즈니랜드 등 다양한 테마파크가 있으며 전 세계 영화산업의 메카 할리우드가 이곳에 있다.

샌프란시스코는 명소들이 다양하다. 예로부터 문화, 예술, 교육의 중심지였던 이곳에는 수많은 대학 및 연구시설과 문화시설들이 갖춰져 있다. 바다 위를 건너는 금문교는 샌프란시스코의 상징으로 약 2,800m 길이를 자랑하는, 세계에서 가장 길고 아름다운 다리다. 비탈길을 달리는 케이블카 역시 샌프란시스코 여행의 묘미다.

미국 네바다주 사막 한가운데 자리 잡은 도시 라스베이거스는 관광과 유흥으로 유명한 곳이다. 도시 전체가 거대한 테마공원이라 할 수 있으며 24시간 불이 꺼지지 않는 도시로 세계에서 가장 화려한 밤거리를 자랑한다. 유명 카지노와 호텔들이 즐비해 있어 즐길 거리도 다양하다. 또한 미국 최고의 자연경관인 그랜드 캐니언과 멀지 않아 수많은 관광객이 찾는 미국의 대표 관광지다.

도시 구경만으로도 시간이 훌쩍 가겠지만 미 서부에 왔다면 웅장한 대자연과 만나는 시간을 빼놓아야 한다. BBC 선정 '죽기 전에 가봐야 할 50곳'에서 1위의 영예를 안은 그랜드 캐니언은 20억 년이 넘는 지구의 역사를 고스란히 간직한 세계문화유산이다. 콜로라도강의 강줄기와 바람이 오랜 세월 동안 주변 고원을 깎아 만들어진 협곡으로 매년 400만 명이 넘는 관광객이 방문하는 세계 최고의 국립공원이다. 깊이 1.6㎞, 폭 15㎞에 달하며 두 개의 주에 걸쳐 450㎞나 뻗어있다. 그랜드 캐니언의 벽은 시간에 따라 다른 색을 띠지만 어떤 시간에 봐도 변함없이 아름다워 특정 시간을 정해 갈 필요는 없다. 걸어서는 여행 일정상 빠듯하고 경비행기를 타고 돌아보는 경우가 많다.

미국 유타주 남서부에 있는 자이언 캐니언도 비경이다. 버진강의 북쪽 지류인 노스포크의 급류에 수백만 년 동안 깎여 만들어졌다. 다양한 식물과 동물들이 서식하고 있으며, 붉은 암반과 푸른 숲, 시원한 폭포가 어우러져 멋진 풍경을 연출한다. 엄청난 크기의 화성암과 바둑판처럼 생긴 바위산 그리고 터널에서 자연의 거대함을 고스란히 느낄 수 있다.

브라이스 캐니언은 자이언 캐니언과 마찬가지로 미국 유타주에 위치해 있다. 오랜 세월 동안 풍화작용으로 부드러운 흙은 사라지고 단단한 암석만 남아 수만 개의 첨탑이 형성됐다. 분홍색과 갈색을 띠는 수많은 첨탑, 좁은 골짜기로 이루어진 브라이스 협곡의 전경은 보는 사람마다 입을 다물지 못할 정도로 경이롭다.

캐나다는 일단 나이아가라 폭포를 만나고 나서 이야기해야 한다. 캐나다 온타리오주와 미국 뉴욕주의 국경을 가로지르는 높이 55m, 폭 671m에 달하는 나이아가라는 미의 이과수 폭포, 아프리카의 빅토리아 폭포와 함께 세계 3대 폭포라고 불린다. 이곳은 크게 캐나다 폭포(말발굽 폭포), 미국 폭포(브라이덜 베일)로 나눌 수 있는데 캐나다 쪽에서 바라보는 전망이 더 좋기로 유명하다.

하늘 높이 솟아오른 물보라와 무지개, 모든 걸 집어삼킬 듯 수량을 쏟아내는 나이아가라 폭포는 말이 필요 없다. 일생에 꼭 한번 가봐야 하는 관광지다. 나이아가라는 원주민어로 '천둥소리를 내는 물'이라는 뜻으로, 수량이 1분에 욕조 100만 개를 채울 수 있을 정도라고 한다. 이곳을 즐기는 방법은 여행사마다 다르고 또 수십 가지의 옵션이 있으니 자신의 일정과 맞는 방법을 택하면 좋다. 개인적으로 헬기투어가 가장 기억에 남는다. 하늘에서 바라보는 나이아가라는 단 1초도 놓치고 싶지 않은 경관을 선사하기 때문이다.

그렇다고 캐나다까지 가서 나이아가라만 보고 올 수는 없다. 캐나다 최대 도시인 토론토도 만나야 한다. 유럽의 탐험가 에티엔 브레일(Etienne Brale)에 의해 최초로 발견됐으며 인디언어로 만남의 장소라는 의미가 있다. 5대호의 하나인 온타리오호에 위치한 토론토는 면적 632㎢에 약 350만 명의 인구가 사는 캐나다 최대의 도시다. 메트로폴리탄 토론토는 토론토(Toronto), 노스요크(North York), 요크(York)의 세 도시로 이루어져 있으며 캐나다의 경제, 통신, 운수, 산업의 중심지다. 이 밖에 리플리 아쿠아리움, 하버프론트에서 즐거운 추억을 남겨보는 것도 좋다. 토론토 이외에도 온타리오주의 역사가 살아 숨 쉬는 과거로의 여행지로 세인트 제이콥스를 꼽는다. 토론토에서 출발해 1시간가량 서쪽으로 차를 운전해 가다 보면 세인트 제이콥스에 도착한다.

세인트 제이콥스의 메노나이트(Menonite) 사람들은 전기와 자동차, 전화를 사용하지 않고 옛날 방식의 농업 생활을 고수하며 살아간다. 현대문명을 사용하지 않고 평화주의를 관철하며 옛날 그대로의 생활 방식을 고수하는 사람들을 '메노나이트'라고 칭하는데, 오늘날까지 마차를 이용해 전통적인 농업 생활을 유지해오는 것으로 유명하다. 주 2~3회 열리는 파머스마켓에는 그들이 재배한 채소와 과일, 메이플 시럽과 퀼트 등이 즐비하며 수공예품점이 모여 있는 다운타운의 킹 스트리트도 소박하고 전원적인 생활을 체험하고 싶은 이에게 추천할 만한 관광지다.

에필로그

나는 지금 행복한가?

태국 후아힌에서 만난 질문

여유를 즐기는 사람에게서는 모든 것에 여유가 묻어난다. 여유를 즐길 줄 아는 것, 그것은 상당히 큰 축복이다. 돈이 많고 적은 것이 문제가 아니다. 어쩌면 그것은 부차적이다. 돈이 있어도 매사에 쓰지 못하는 사람이 있는 반면 가진 것이 좀 적더라도 여유를 지니고 사는 사람들이 있다.

태국 후아힌을 방문할 때 떠난 일행들이 그러했다. 그들의 직업이 무엇이고 가진 돈이 얼마인지는 알 수 없고 궁금하지도 않았다. 그러나 봄 휴가를 받은 직장인부터 나이가 지긋한 은퇴자까지 후아힌을 방문하려는 그들은 느긋했고 또 여유로웠다. 그때가 제법 오래전인 2월 6일부터 10일까지, 5일간의 여행이었다.

태국 귀족들의 휴양도시 후아힌을 여행지로 꼽으면서 드는 첫 생각은 '그다지 할 일이 많지는 않겠네.'였다. 이곳은 태국에서 가장 오래된 해변으로 조용하고 아담한 항구도시이며 방콕 상류층들의 대표적인 휴양지이다. 후아힌은 태국의 다른 휴양지와 확연히 다른 매력을 지니고 있다. 특히 후아힌 중심가에 자리한 리조트들은 태국 내에서도 손꼽히는 우아함을 자랑한다. 그중 태국의 고급 호텔 브랜드인 센타라 호텔 앤 리조트에서 운영하는 센타라 그랜드 비치 리조트 앤 빌라 후아힌은 100년 전통의 역사를 지닌 곳으로 태국 왕가처럼 호화스러운 휴양을 즐길 수 있다.

이런 럭셔리함과 동시에 아날로그의 감성도 자리한다. 후아힌 여행의 관문 격인 후아힌 역은 태국에서 가장 오래된 기차역 가운데 하나다. 방콕에서 남부 지역으로 통하는 열차는 모두 이 역을 거친다. 1911년 처음 문을 연 이래 지금까지 후아힌 역에서는 열차가 오고 가고, 사람이 내리고 타고, 물건이 오르내리는 풍경이 재생 반복 버튼을 누른 것마냥 끝없이 되풀이되고 있다. 녹슨 철로를 따라 지나간 시간의 희로애락이 고스란히 담겨 있다.

오랜 역사 이외에도 후아힌 역이 유명한 또 하나의 이유는 태국 전통 양식이 배인 아름다운 건물 때문이다. 붉은색 지붕과 기둥이 도드라지는 작고 아담한 역 건물은 진갈색 침목과 어우러져 아날로그 감성을 불러일으킨다. 역 바로 옆에 화려한 자태를 뽐내는 건물이 하나 더 있는데, 1920년대 라마 6세가 이곳에 여름 별궁을 지을 때 만든 로열 웨이팅 룸이다. 후아힌에 왕실 휴양지를 세우면서 기차를 이용해 오가는 왕실 사람들을 위해 특별히 만든 VIP 대기실인 셈이다. 비록 지금은 사용되지 않지만 세상 어느 기차역이 이처럼 고급스럽게 꾸며진 대기실을 갖고 있을까 싶다.

무엇보다 후아힌 역의 서정적인 풍경을 완성하는 건 사람들이다. 한가롭고 여유로운 분위기가 물씬한 이곳엔 기차를 기다리는 사람들 누구 하나 바쁜 기색이 없다. 시간이 이대로 멈춰 버린다 해도 그다지 이상하지 않을 것처럼. 그저 우리 일행 같은 여행자들만이 플랫폼을 넘나들며 이리저리 사진을 찍느라 바쁠 뿐이다.

일행과 기찻길 옆 카페 투어도 나섰다. 플랫폼을 따라 걷다 보면 만나는 후아힌 커피 스테이션(Hua Hin Coffee Station)은 기차를 콘셉트로 꾸민 작은 카페다. 한쪽에 후아힌 역 풍경이 담긴 엽서와 재미난 스탬프들이 놓여 있고 엽서와 함께 우표를 구입하면 국제 우편 배송도 가능하다. 역 맞은편에는 폐열차를 활용한 작은 도서관 겸 북 카페도 있다. 옛 기차 분위기를 그대로 살린 인테리어가 소박하고 정겹다.

후아힌에는 왕실 휴양지답게 옛 왕들이 지은 여름 별궁이 여럿 들어서 있다. 후아힌 역에 로열 웨이팅 룸을 만들었던 라마 6세는 1923년 바닷가 근처에 아름다운 여름 별궁을 지었다. 건강이 좋지 않았던 그가 방콕에서 가깝고도 공기가 좋은 이곳에 지은, 이른바 라마 6세 왕실 여름 별궁이다. 그래서인지 여느 궁전들과 달리 건물도 화려한 느낌보다 단정하고 평온한 분위기다.

태국 전통식과 유럽식 건축양식이 혼합된 건물은 온전히 '쉼'에 초점이 맞춰진 것처럼 보인다. 길게 이어진 회랑 끝에 잔잔하게 파도치는 옥빛 바다가 자리한다. 왕궁 주변은 푸릇한 잔디와 우거진 수목들이 감싸고 있어 시간도 잠시 쉬었다 가는 듯 모든 순간이 여유롭고 한가롭다.

다만 민소매와 짧은 반바지 차림은 입장이 금지된다. 입구에서 약간의 기부금을 내고 싸롱(태국식 긴 치마)을 빌릴 수 있으니 크게 걱정하지 않아도 된다. 후아힌 최고의 경치를 만나기 위해선 까오 따끼엡에 가야 한다. 이곳은 언덕 정상까지 이어진 가파른 계단을 올라야 하는데, 생각보다 힘이 든다. 이마와 콧등에 송골송골 땀이 맺힐 즈음 언덕 꼭대기에 세워진 새하얀 사원 앞에 닿는다.

후아힌 시내와 푸른 바다를 한눈에 조망하는 전망 좋은 언덕이다. 이곳에서 잠시 숨을 고른 후 뒤돌아보면 파노라마 풍경이 한눈에 들어온다. 언덕에서 훤히 내려다보이는 후아힌 시내는 푸른 숲과 높고 낮은 건물이 조화를 이룬 이상적인 모습이다. 여기에 커다란 반원을 그리며 도시와 맞닿아 있는 후아힌 해변은 자연 그 자체다. 바라보고, 또 바라봐도 전혀 질리지 않는다. 언젠가 러시아 바이칼 호수에 갔을 때다. 남한 만큼이나 큰 그 광활한 호수를 보면서 앞으로의 삶에 대해 고민한 적이 있었다.

기존에 하던 일을 접고 여행사를 시작하려 할 때였다. 뭐든지 자신이 있었지만, 한편으로는 모든 게 두려웠다. 그때 나를 이끈 것은 '까짓 한번 해보자.'는 마음이었다. 그리고 지금까지 쉼 없이 달려왔다. 그사이 작았던 아이들은 쑥쑥 커서 성인이 되어갔고, 때로는 사람을 잃었으며 때로는 새로운 사람을 만났다. 그런데도 항상 내 삶이 완성되어가고 있다는 기분은 들지 않았다.

까오 따끼엡 사원의 언덕에서 잠시 멈춰서 둘러보았다. 거기에 보이는 것은 후아힌이 아니라 내가 살아온 궤적들이었다. 멀리서 보면 저토록 작고 아름다운 그것들이, 가까이에서는 얼마나 치열한가. 그때 내 옆으로 다가온 나이가 지긋한 한 일행이 말을 건넸다.

"때로는 좀 쉬어도 됩니다. 그래야 내가 행복한지 스스로 질문도 할 수 있지요. 좋은 곳 소개해주셔서 감사합니다."

나는 후아힌 일정이 끝나면 유럽으로 갈 예정이었다. 머릿속은 태국과 유럽이 뒤엉켜 있었다. 여행이 일이 되어가고 있었던 것이다. 그래선 안 된다. 아무리 일이라 해도 내가 조급하면 나를 따라오는 사람들도 조급해진다. 나는 그들의 여행을 망칠 권리가 없다. 숨을 크게 들이켠 나는 자신에게 물었다.

'지금 나는 행복한가? 행복하지 않다면 어떻게 해야 행복해질 수 있나?'

나는 지금도 그 대답을 찾고 있다.

강영옥이 다녀온 여행지

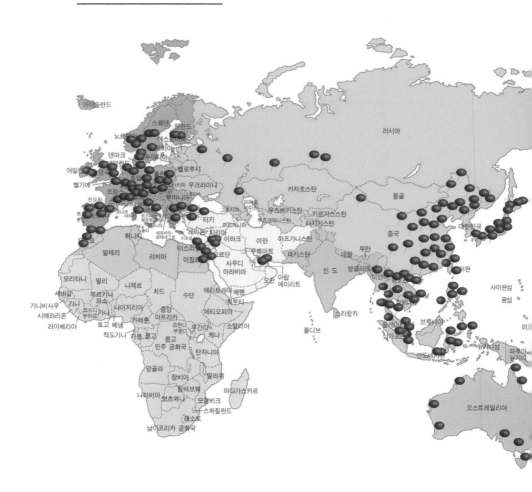

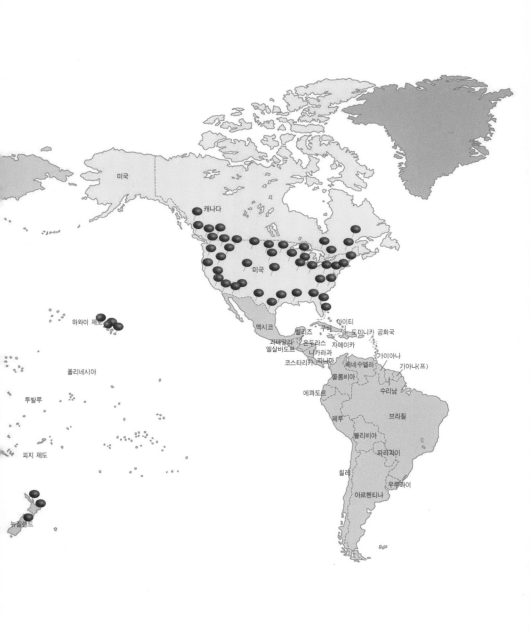

또 다른 나를 만나러 갑니다